目 录

前言 / 1
一 / 8
二 / 12
三 / 17
四 / 21
五 / 28
六 / 36
七 / 53
八 / 64
九 / 72
十 / 78
十一 / 85
后记 / 98

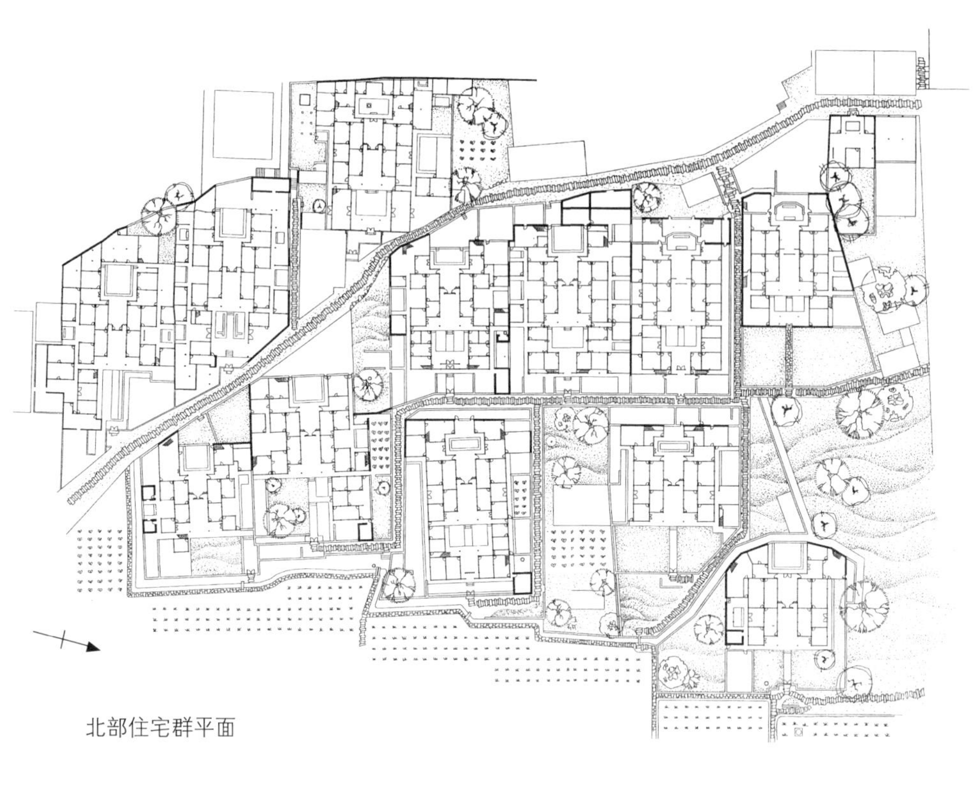

北部住宅群平面

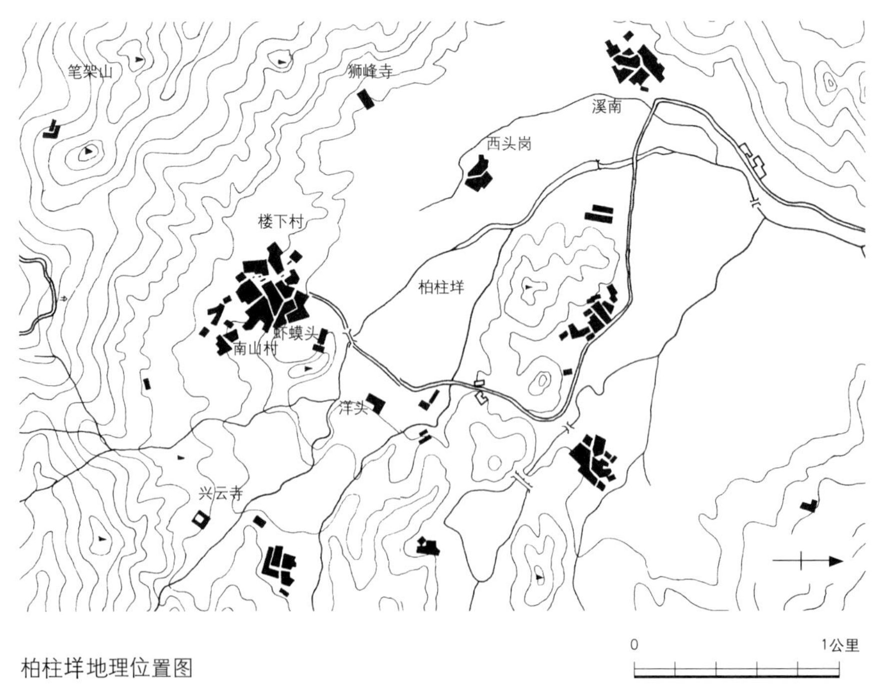

柏柱垟地理位置图

前言

1995年5月，我们从安徽省黟县的关麓村工作回来，在北京遇见台北龙虎文化基金会的朋友们。我们兴高采烈地向他们描述关麓村的可爱和它文化积累的丰富，朋友们却兴高采烈地向我们描述福建省福安县楼下村的可爱和那里住宅有趣的空间处理。他们刚刚到那里参观过。我们互相被对方说得动了心，当时做了决定，秋后，我们到楼下村工作，他们则到关麓村参观。现在，我们的工作完成了，他们却还忙得没有工夫到关麓去，而且，他们中的一位——姚孟嘉，再也去不成那里了。

掐指一算，楼下村的工作是我们在龙虎文化基金会支持下的第五个课题。他们和我们的合作，非常顺利，非常愉快。大家赤诚相见，互相尊重，工作力争高水平。所以，我们全力以赴，心无旁骛，现在唯一需要顾虑的，是怕工作还没有做得更好，对不起我们国家那么丰厚的乡土建筑遗产。

合作到现在已经七年，老的似乎不见更老，年轻的逐渐成熟。更值得我们高兴的是，除出版了几本工作成果之外，还有六十几个大学本科生和研究生参加了我们的工作，学生们在工作中磨炼了吃苦耐劳、认真负责的作风，受到了农民淳朴善良的品德的熏陶，也初步学会了一种学术工作的方法。毕业之后，分到各地，也有远涉重洋的，还常常来信，怀念这一年乡土建筑研究工作给他们的好处。他们各自的论文和制图，大都有很好的质量，有不少已经收到工作的总成果里。参加1994年下半年和1995年上半年关麓村工作的一组学生，毕业时被评为全校的先进班组。龙虎文化基金会朋友们的支持，意义和价值远远超过了单纯的乡土建筑研究。

这次楼下村的工作，还得感谢黄汉民先生。是他首先发现了这个山窝深处的小村子，并且把龙虎基金会的朋友们邀请去参观。我们到楼下村去，都蒙黄汉民先生招呼，不但食、宿、交通一切顺利，他还在工作上给了我们许多帮助。尤其是他在职务繁重、身体不佳的情况下坚持乡土建筑研究的精神，大大鼓舞了我们。

说起楼下村的发现，也很凑巧。有一次黄汉民从福州到霞浦去，汽车循七八百米高的山脊盘旋，他忽然看见深深的山脚下躺着一个整整齐齐的村子，老房子好像很讲究，保存得似乎也不错。于是他向人们打听，有人按汽车路的方位告诉他，那是福安县的楼下村。他去了，做了调查。但是我们在楼下村工作了很久，却从来没有一次感觉到山脊上有汽车经过。所以我们怀疑，楼下村也许不是他当时在汽车上看到的那个村子。如果不是，那倒是运气，楼下村大概比他看到的更好。

楼下村很偏僻，在一个四山环抱的叫作柏柱垟的盆地里，直到1994年才造了汽车路。造路是为了纪念60年前在那里成立过闽东苏维埃。当年正因为偏僻，闽东苏维埃才能在那里立足。

我们一向知道，福建省农村民居形制严谨，规模比较大，装修华丽精致，形式变化多端。但是，楼下村这么一个闭塞的小小山村，虽然比较富足，竟然有那样高质量的大住宅，而且在清代中叶很短时间里建成，仍然使我们迷惑不解。我们曾经试图寻找解释，这成了我们工作的一个重要内容。

我们刚刚在浙西、赣北和皖南工作过几年，那里的乡土建筑与楼下村的相比，差别很明显。那里的住宅很封闭，只有一个统制全局的中心，几乎完全不理睬农业劳作的需要。村子里，尤其是浙西的，宗祠密

住宅山墙（李玉祥 摄）

布，住宅都围绕房派的支祠而成团块状结构。楼下村却不同，住宅比较开敞，有一个突出的中心但又有几个副中心，形制有分离倾向，并且把重要的农业劳作引进了二楼，村子里宗祠很少，偏多淫祠。这些差别，我们也想有所解释。

有问题需要解释，这是很吸引人的机会。可惜我们遇到了一些困难。首先是语言不通。闹笑话不说，弄不清或者弄错了事实才叫人着急。我们好不容易找到一位寻龙先生（风水先生，阴阳先生）和一位木匠，本以为可以大有收获，谁知道使出浑身解数，换了一个又一个翻译，依然所得甚微。最简单的例如，问房屋各部分和各构件的名称，所答的记不下来，只好拟音，晚上大家对笔记，写成什么的都有。有些词似乎根本只能在口头说，不能用字写。多问了几次，他们便尽力用解释来代替说话，终于失去了语言的特色。

20世纪50年代初，土地改革中发生极“左”的偏差，当地的社会动荡特别剧烈。当时村里平均每人1.3亩土地，达到三倍的人家就被划成地

住宅山墙

主，以致总共三百来户的小村，竟有五十几户地主。1957年又经过“闽东大清洗”，有十几户人家被从外地清洗回来，他们的子女和地主的子女都不得上学读书。因此楼下村元气大伤，从此一落千丈，现在中年以上的人中，识字的几乎没有。不识字的人，一般不清楚村上的事，连自己经历过的也不大记得清楚，何况他们被剥夺了关心历史和地方的机会。这又是我们工作中的一个困难。幸亏有一位刘圣宝先生，虽然年龄不大，1944年出生，学历不高，只有小学毕业，地位不显，1988年以前一直是被枪毙的“反革命分子”的儿子，那一年之后才忽然成为革命烈士的儿子。但是，简直是一个奇迹，他竟对村落的历史很有兴趣，知道许多。更加奇迹般的是，他竟还保存着一本族谱的手抄本，这本族谱，虽然是只有二十几页的残本，依然十分珍贵。我们从他那里得到许多帮助，克服了不少困难。我们深深地感谢他。

为了认真弄清楚各种问题，我们还在当地做了很多调查。我们参观了几个村子：茜垟、溪南、廉村、溪潭和苏垟。楼下村大姓刘氏是康熙年间从苏垟迁来的，苏垟现在是一个很繁华、很开放的大镇，临海湾，湾岸上泊着几条远洋渔船。但它仅有两个宗祠，一个早已改成中学，拆得差不多了，另一个则拆掉了重建，正在大兴土木，因为在它对面，刚刚落成了一座足有三十多米高的天主教堂，雪白的瓷砖贴面，在灰暗的老房子丛里亮得刺眼。这教堂“败坏了”祠堂的风水，又灭了它的威风，所以族人决心把祠堂改用新材料、新结构，扩大加高，与天主教堂抗衡。新的宗祠是一座两层的红砖建筑，既没有风格，也没有形体的和谐。我们在村子里转，一位村人热情地带领我们。于是，我们问他，能不能看看刘氏族谱，能不能访问几位老人？他很客气地回答，这要经过政府。我们一向习惯于坐农家的板凳，听说要经过政府，不免心里发怵，那就算了罢！

廉村，是薛令之的老家。薛令之是福建第一位进士，唐朝神龙二年（706）中榜，开元初任左补阙，兼太子侍读，是肃宗的老师。廉村本来是一座极美的村子，有溪，有山，有池，有树，傍着海湾。村子有围墙、寨门、书院、庙宇、宗祠、故宅，甚至还有宽阔的船码头。古建筑的质量很高，装修细巧，至今还保存着一些围屏之类的工艺精品。可惜已经破坏得七零八落，往日的辉煌，只能从残迹中去领会了。近年旅游业兴起，廉村人也想赶一赶浪潮，正在重建一所拆毁了的祠堂。对这种重建我们没有丝毫兴趣，但我们对主持重建的木匠师傅抱有极大的兴趣，把他从梁架上请下来。师傅姓陈，四十多岁。当我们要请教他的时候，他坦诚地告诉我们，他不懂古建筑，只是照村口的那幢幸存的祠堂依样画葫芦。我们请他推介几位懂得古建筑的老师傅，他笑笑说：“没有了，要有的话便不会由我来主持这个工程。”我们想起苏垟和茜垟那两座新造的红砖祠堂，很不高明，就信了他的话，不再麻烦他了。

福建省多山，山阻水隔，省内形成许多小的方言区和文化圈，建筑也有强烈的地方色彩。例如闽西有大量举世闻名的圆形或方形土楼，闽南盛行装修极其华丽的红砖建筑，闽东以热情奔放的、像海浪一样涌动起伏的封火山墙为重要特色，闽北建筑则多表露木结构，简朴轻快。这中间又有小地域的变化，楼下村地处闽东，虽然有火形山墙而不处于重要地位，房屋的主体部分尽显木结构本色。大致弄清楚这种建筑风格的流布范围和它们与其他地方风格的关系，本来也是应该做好的工作，但我们这一次是不可能做了。①

我们并不奢望在研究一个聚落的乡土建筑时能弄清楚所有的问题，所以仍然保持着极愉快的心情。

我们这次住在离村子一里多路的狮峰寺里，这倒给我们的生活又增添了一份独特的情趣。庙里有五位出家人，只有一位真正受过戒的。受过戒的是住持张师父，法号圣信，整天笑眯眯的，说话轻声轻气，走路也是稳稳当当，显得修行很高。有一位年轻的，大嗓门，快节奏，老是哼着哥呀妹呀的流行歌曲大步走来走去。最有趣的是一位从东北来的游方挂单和尚，跟当地和尚语言不通，遇上我们，大慰他的寂寞，一到晚上，就来找我们聊天，连功课都不去做。但他也常常要躲避我们，那便是他溜到街上小铺去解馋的时候。他大约只有四十岁光景，很机灵，问他为什么看破红尘、削发遁入空门，他总是闪烁其词，避而不答，却悄悄告诉我们，那些本地和尚，有一些在附近村子里有家室，在庙里有吃、有穿、有住，每月还发50元零花钱，很自在，比务农好多了。

三位掌管斋堂的居士婆婆很和善，每天早晨给我们灌一壶开水留着，晚上又为我们多烧一锅热水。张师父毕竟是佛门弟子，慈悲为怀，不肯向我们收食宿费，只让随喜几个香火钱，“广种福田”。

每做一个课题，从到达农村的时候起，我们就随着对聚落的观察和工作的情况，琢磨着怎样写它。我们不认为写作应该遵守一个固定的模式，而是相信，最佳的写作方法只能来自对象的特点和我们对它的认识程度。我们同时也希望，每次写出来的成果，有点变化，能给读者一点新鲜感，不要倒了胃口。这样当然很不容易，要很早从选题和工作构思上就下手，但我们愿意摸索着做。这次的写作，希望给读者一点“亲历感”，让读者跟我们辛苦一趟，知道一点我们的做法和想法。不知道行

① 可参见黄汉民著《福建传统民居》，厦门，鹭江出版社，1994。

不行，不知道成不成。

参加工作的吴京颖同学在她的毕业论文《楼下村的自然环境、村落布局和公共建筑》里写了两段话："在乡土建筑的调查研究中常常感到工作的艰难和复杂。由于乡土建筑本身和它的内涵的千变万化的丰富性，只有充分考虑和理解每个个案的自然环境、民俗民风、宗教信仰、历史文化等自然的、人文的、社会的因素，才有可能对个案有一点认识。而工作的深入与细致又是获得充分的第一手资料的保证。在楼下村时，自以为已经调查得'巨细无遗'了，回来整理资料时仍旧觉得不尽如人意。深深感到研究工作对人的修养和文化要求之高……至于乡土建筑的保护，更令人忧心忡忡。根本没有人认真地想一想这件事，没有人愿意管一管这件事。有几个人为乡土建筑的消失而心疼？连呼吁、建议都不知道到哪里去提。也许，保护乡土建筑该从那些世世代代生活在其中的人们入手吧。如果他们认识了乡土建筑的珍贵价值，如果保护的观念和意识深入人心，他们可能会自觉地保护自己的建筑的吧。"

根据我们几年乡土建筑研究的经验，确切地知道，少量保护一些珍贵的聚落，其实并不很难。但又实在很难，难就难在根本没有什么人、什么机构来认真做这件工作，各级政府在这件事上处于"不作为"状态，因此要保护个把村落，真比登天还难。所以，每发现一个可爱的聚落，最后却落得一肚子的愁肠。

陈志华

1995 年秋

一

寄宿在广化禅寺，迎着晨光走进如画乡村。

吃农家饭，展开调查，回寺中吃晚餐，整理结果。

暮鼓晨钟迎送着调查者的足迹。

自然和谐的乡野气息扑面而来。

晨前四点半，我们在钟磬声和木鱼声中醒来，“罗衾不耐五更寒”，蜷缩在盖不住双脚的短小被窝里等待天亮。到窗帘上朦朦胧胧影出疏棂，阶前放生池里鱼儿的泼剌声渐渐紧密，我们起床，洗漱。和尚师父们散了早课，嘴里嘟囔着匆匆走回禅室。跟他们打过招呼，我们便轻轻推开了庙门。

庙门对面一排壁立的高山，隐隐被天空衬出坚硬锋利的轮廓，山脚却消失在静静的一抹浅蓝色的烟雾里。烟雾又衬出一溜小丘冈浑圆柔和的轮廓。从门前高高的台阶往下走，正前方山峰尖上忽然闪出明亮的金色，它捕捉到了扑过来的第一缕阳光。小小的盆地醒来了。

我们踏着弯弯曲曲的石子路向东走去，右边坡上一层层梯地种着的茶树正盛开花朵，左边坡下，是一片又一片的茉莉田，不是花季，花朵却也不少。茶香和着花香，熏得我们神清气爽。一群群的雏鸭迎面过来，准备到收割了的稻田里去过富足的日子，我们恭敬地肃立在小路的边边上，谦卑地向它们微笑致意，它们却惊慌失措，嘎嘎叫着，乱作一团。待牧鸭人小心翼翼把它们哄过去，我们才继续往前走。转过一个山脚，上几层小坡，前面一棵大榕树和几丛水竹的剪影，勾勒出疏疏密密一幅铁铸的图画。水竹丛中隐隐呈现一座庙宇，尖尖的檐角高高挑起，刺破了薄雾。薄雾漫射着晨光，给图画罩上似梦似幻的恍惚迷离。这是村子的水口，也便是村口，后面躺着宁静的山村。

走进图画，小学校的大门已经打开，时间还早，只有零零落落几个女孩子，衣着鲜艳，款款来到。教师宿舍的窗里，早起的灯光还没有熄灭，有几个学生在拍门。我们从门前过去，不远，来到一个空场边上，这时候，东方山顶上散发出一片片鱼鳞般的红云，漫涌过来，越过我们的头顶。刹那间，阳光打到了场子边长长一带金黄色的墙上，灿烂光明，照着“中山世裔”四个大字，这是刘氏宗祠前的影壁。

村景

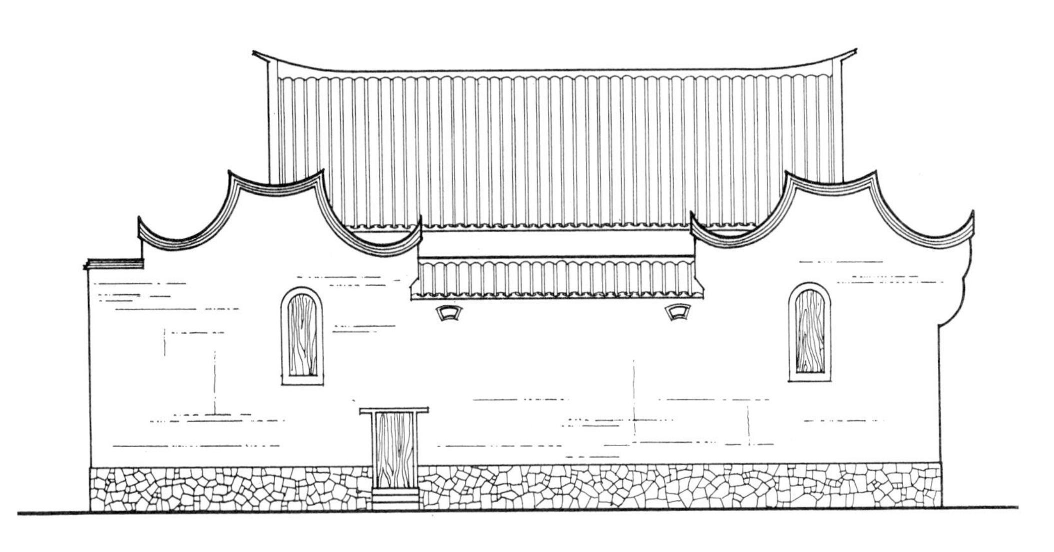

溪南村某宅背立面

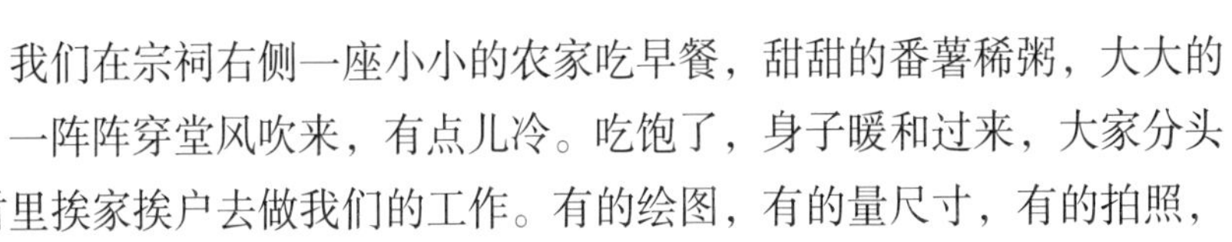

我们在宗祠右侧一座小小的农家吃早餐，甜甜的番薯稀粥，大大的碗。一阵阵穿堂风吹来，有点儿冷。吃饱了，身子暖和过来，大家分头到村里挨家挨户去做我们的工作。有的绘图，有的量尺寸，有的拍照，有的缠住老人家问东问西，问古问今，听不懂话，手脚一起参加解释，时不时因为发觉了误会而哈哈大笑。累了半天，中午再回到这家吃午饭，有绵软的大芋头，偶然还有滑溜溜的三寸来长的龙头鱼。

四周围山高，太阳出来得迟，隐去得却早。两点半钟，山影便遮到了村边。不到三点半，整个盆地完全笼罩在影子里了，只有东边的重重山峦，在斜阳下像波浪一样起伏奔腾，又像一幅迎风翻卷的绿色绸子。到它们也变成了阴沉的紫色，我们便走回寺庙去。依然是那条氤氲着茶香和花香的碎石小路，依然是一群一群的雏鸭，它们吃得饱饱的回来，又跟我们狭路相逢。为了躲闪我们，几只贪吃太多的，身子过重，一不小心，便扭伤了脚。牧鸭人把伤鸭倒提起来走，鸭子挣扎着，大叫大嚷，明天早晨，也许不会再见到它们了，我们觉得有点儿遗憾。

转过山脚，寺庙的山门和大殿斜对着我们展开既庄重又玲珑的身姿，顺着山麓走下来。它后院那株高高的柏树下，是我们借住的禅房。斋堂的炊烟袅袅升起，给我们送来温暖的情意。和尚师父正在上晚课，柔和悠长的诵经声缠绕着低沉的鼓声，迎我们踏进山门。

这是广化禅寺，一座初创于唐代的古刹，乡人们都叫它狮峰寺，说是它背后的大山好像一头狮子。我们在庙里吃晚餐，园子里采来的佛手瓜鲜甜脆嫩，香菇则真有山野的清香。晚餐后，在小院的堂屋里整理我们一天的工作所得，核查我们在彼此都不大听得懂的一问一答里所得的调查记录，计划明天的工作。有不少收获使我们高兴，也有不少事情使我们犯愁、失望。于是相互说些宽心的话，歇一夜再想办法。小院里的四季桂送来浓浓的甜香，灯光下，影影绰绰可以见到鱼池边秋菊金灿灿的花瓣上，露珠已经凝结成霜，闪闪发亮。

八点半，响起了沉闷的笃笃声，那是住持师父用棒槌敲打门槛，通知全寺的人熄灯睡觉。我们在禅房里躺下，夜寒凛冽，辗转等待着入睡。

没有青灯黄卷，却有暮鼓晨钟，二十来天，就这样在福建省福安县的楼下村工作。我们是贪婪的文化探宝者，在这红尘万丈的年月，竟来到这个群山环抱的小小村落，寻觅当年蓬首跣足的先人们，披荆斩棘，在这荒僻的山地建设家园的历史痕迹。

在入睡之前，我们默诵着明代邑人孙瑶写的《狮峰寺》诗："晓发狮峰寺，岚光远近浮。竹交荒径合，石绣古苔幽。海气朝随雨，松风夜到楼。褰裳问闽俗，喜见万家秋。"[①]此情此景，与我们的工作生活是多么相合。

睡意上来了，盼一个好梦！

---

① 见光绪《福安县志·古迹》。

二

楼下村地处名叫柏柱垟的山间盆地，
四周有马上、笔架、南无等山环围，
盆地中央的鸿雁山起伏成几个丘冈，
分别象征鸿雁身体的各部分。
村东北的鲤屿是第一层案山，
鸿雁山的雁身为第二层案山，
雁身上有五谷仙宫，
供奉神农氏，正在重建，
体现出乡民热爱乡土的情感。

我们工作的村子叫楼下村，属福建省福安县溪柄乡。它南去海岸不远，大约三十几公里光景，村里两家小店，在门前放两笸箩海带和海杂鱼卖，最多的是龙头鱼，肉色洁白，还很新鲜。但是，村子位于一个不大的盆地里，四面环着高山，以致连海上频发的狂烈的台风都刮不进来。大约是从别处带来的习惯罢，楼下村老房子的屋面上，为了抗风，还用排列得整整齐齐的砖块压着瓦垄，晚近一些的就省免了。但是，楼下村的历史还是和海洋有着扯不清的关系。

福建省有九成五左右的山地，农田大多在山间盆地里，村聚人口也都以盆地里居多。福建方言把盆地叫作“垟”[1]，楼下村所在的盆地，名叫“柏柱垟”，因为这片垟的北面，它唯一的缺口处，有一块高高的石头，像棵柱子，借柏树的岁寒不凋和长寿，便叫它柏柱。直到1994年，也就是我们考察前一年，才修筑了一条汽车路，从溪柄街向东北走，绕过南无山经缺口再曲折向南，穿过柏柱垟，抵达楼下村，大约十三公里。柏柱垟在过去几百年间很封闭，“天高皇帝远”，乡民们享受着某种自由，从事着只有这种地方才能从事的种植业和别的行当。

我们托福建省建筑设计研究院黄汉民副院长从省测绘局要来一份柏柱垟的地图。从图上看，柏柱垟大致像一个斜置的正方形，缺口在北端，而楼下村在南端，略略向东偏一点。村子的海拔大约在87米到120米之间，南高北低。以100米海拔等高线为准，柏柱垟东西宽度和南北长度都差不多是两公里。盆地东北方的山最高， 叫马上山（也叫前笔架山），主峰海拔845米，它东南一座山峰高825米。我们每天清晨在广化禅寺山门前看到第一个照到阳光的山峰便是这825米高的，所以禅寺以它为朝山，而不取最高的主峰。西南方的山叫后笔架山，主峰高575米。西北方的山比较低，南无山只有297米高。东南方的山，主峰在这张地图之外，可惜不知道高度了。据我们的估计，大概和笔架山差不多高。

柏柱垟里并不是一马平川。它中央有一溜不高的山，从东偏南走向西偏北，起伏成几个丘冈。乡人们说，这山叫鸿雁山，几个丘冈分别是鸿雁身体的各部分。雁头外形浑圆，正落在我们住着的广化禅寺前面一片开阔地的中央，海拔高度140米左右。广化禅寺就以它为案山。楼下村东北不到200米，有一个孤立的小小的山包，海拔高度只有100米，南北长而东西窄，像一条活泼的鱼，就叫作鲤屿。它是楼下村的第一层案山。雁头山和鲤屿上过去有茂密的树林，20世纪50年代，为了大炼钢

---

① 1990年前后，我们在浙江省南部永嘉县的楠溪江流域考察乡土建筑，那里许多村子的先人都是从闽南、闽东迁去的，有些村子的名字就叫某某“垟”或讹为某某“阳”。

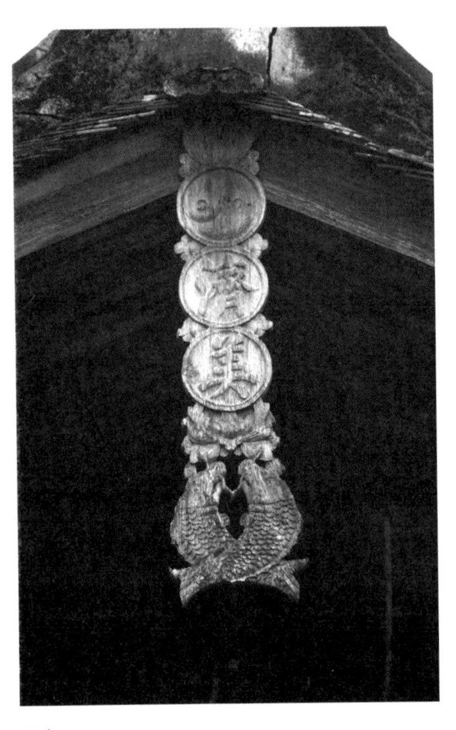
悬鱼

铁，被砍伐去当了土高炉的燃料。雁头山上现在立着一座电视接收台，鲤屿脚下还剩几棵大樟树，中腰种了些竹子，再往上开成梯田，种着茶树。

鲤屿东北，不到一公里，便是海拔高度137米的雁身，是楼下村的第二层案山，那上面有一座“五谷仙宫”。11月30日，我们最后一次登上鲤屿，给楼下村拍了几张全景照片，下北坡，穿过一个只有几户人家、叫作“鲤鱼边”的小村子，一位正在小溪边磨番薯粉的中年男子，热情地带我们上山进了“仙宫”。宫是新修的，用了青砖筑墙，柱子和梁、檩等木构件油漆得鲜红。大殿正中神座上供着“玉封神农帝五谷大道真仙君”（“玉”为“御”之讹，乡间通用）。宫里管事的老人劝我们烧香求签，我们摇出一根签，他用红线吊着两枚铜钱在地上翻了几回，摇摇头，判定这根签无效，要我们再来一次。如此这般，求到第四次，才认定有效。他拿出签簿，对号找到签文，给我们解释，我们连一个字都没有听懂。给了他十块钱，他高高兴兴地送了我们一张粉红色的纸，印着《重建柏柱仙宫募捐倡议书》。《倡议书》半文半白，还夹杂不少从古文古诗中套用过来的对偶句。这张很有点滑稽的倡议书引起了我们极大的兴趣，它不但描述了柏柱垟的地理环境，还记录了当地的一些神话传说。它们是柏柱垟民俗文化的重要部分，正是我们努力搜求而难得的。

它的头两段这样写：

柏柱垟环围皆山，古今名胜地也。东托莲花，西耸笔架，南飞双凤，北横青澎，中卧青牛，锦鲤数点。瑞木嘉禾，郁郁葱葱。名山神仙窟，好善富贵泉。蛇山冈顶五谷仙宫，神仙常住圣地。相传古代柏柱岭兜村有一姓叶者，乐道好施，入山砍柴，见两老翁在石上弈棋，因倚立于旁，观棋三局。谁知山中才半日，世上已千年，回家井庐依旧，亲人俱非，子孙不认，复入山随仙而去。至今棋盘留石上，即仙人岩。

古又有人见一大仙，腾云驾雾而来，左足一点莲花，右脚已到牛山顶，一跨三里之遥。至今莲花石上足印犹存，名曰仙脚迹。明代乡民思慕神仙，把牛山顶叫作仙人冈，并建殿三座，雄伟无匹，壮丽非凡。宫中置一仙鼓，径盈丈，声若雷，擂动仙鼓山鸣谷应，声震全垟。……仙宫地处柏柱垟中心，山不高而幽雅，地不广而清奇。仰望四峰如屏，俯瞰全垟，尽收眼底。三十六村星罗棋布，四千亩田地凝碧堆金。茶园牵云，珍果飘香；双溪蜿蜒，水泊如镜。车飞玉带路，人动画图中。狮峰寺雄踞西山，虎臣祠流芳千古，九头榕泼墨一隅，八角亭展翅欲飞。碧瓦红墙农家舍，明窗净几书海洋。秀水灵山，存龙卧虎。清风送爽，夕照晚霞，顿觉宠辱皆忘，尘俗荡尽，心旷神怡。实乃神仙之蓬台，游览之胜地。

这以后说到“仙宫因年久失修，于一九七六年而倒塌，建筑暂灭，神仙长存，但香火与鸟粪并积，野草共杂木丛生，一派荒凉，满目凄清”。又深感“仙无人不立，人无仙何存”，于是请有德之士，慷慨解囊，广种福田，重建仙宫。我们到的那天，仙宫已经开光，仙鼓已经重制，只剩两庑和戏台还在施工。

《倡议书》里所说的牛山顶和青牛山，就是乡民爱说的鸿雁身子，所以雁头山又叫牛头岩。至于四面山峰，除了笔架山之外，其余的，因为山峦重重叠叠，争势夺出，很难说得清楚所指的究竟是哪一座了。

《倡议书》写得有点儿酸腐，但充满了乡人们对自己居处的自然环境的那种温存感情，对几百年来乡土建设成就的自豪和对生活的热爱，很叫我们动心。在荒僻的山野里，开辟草莱榛莽，建成家园，耕地读书，抚老育幼，没有这种浓浓的温存、自豪和热爱是万万不能的。正是这种感情，在广阔无边的土地上，不论山高水深，凝结成了无数美丽的、蕴藏着深厚而多彩的文化积累的大大小小的村落。

我们攀着悬崖，登上楼下村背后的山巅，把整个柏柱垟一览无余。只见36座村子，大都靠在山脚，造在平地上的，都是些只有三五家的极小的村子，唯独狮峰寺前，雁头（或牛头）山下田头廨村有几十幢房子，占着平地，而这却是个穷村。据说最穷的是山上高处的三座畲族村，也属楼下村村民委员会管辖。不过，畲民近年学会了人工种植香菇，生活好过多了。

闽北和闽东是畲族最多的地区。他们自成村落，很少和汉族人往来。由于多住在深山里，生存条件险恶，文化和经济都比较落后。[①]

① 1938年刊《福建通志·风俗志》记福安，引《摭闻录》：“深山中有异种者，曰畲民，不知始自何时，布散山泽间，亦受民田以耕，谓平民曰百姓。男女杂作，以远近为伍。性多淳朴，短衫跣足，妇人高髻，蒙布，加饰如璎珞状。相传为五溪槃瓠之后。”又《闽产异录》道：“先时畲民斩楠、梓、槠等木于深山中，雨雪滋则生菰，味香，因名香菰。”

三

柏柱垟有36个自然村，楼下村是第一大村。
村民主要从事农业，以种植水稻和甘蔗为主，
另有蘑菇、芋头、茶叶、茉莉花、苎麻、鸭蛋等经济生产。
近年始开发石材，但对自然生态环境造成严重破坏。
进村时正是稻熟时节，农民们在田间脱粒。
把新谷用箩筐扁担挑回家去，
再用稻草在田间搭菇棚并种上蘑菇，然后收割甘蔗，
村中到处充满了丰收的景象和劳动的气氛。

楼下村的村民委员会管着七个“自然村”，“自然村”就是乡民的自然聚落。而包括七个自然村在内的楼下行政村，是一个最基本的行政单位。我们考察的楼下村，则是楼下自然村。楼下自然村并不大，只有1470口人，但在柏柱垟里，却是第一大村了。这里曾经有过柏柱垟里唯一的商业街，现在有垟里唯一的一所初级中学，还带着一个高中一年级班。垟里许多少年到这里来上学。一早一晚，有三五辆私营的三轮蹦蹦车接送他们，孩子们挤在车后，叽叽喳喳，热闹得很。

柏柱垟36个自然村，大宗作物是水稻，其次是甘蔗。我们进垟的时候，水稻已经收割了将近一半。农民在田里脱粒，新谷用箩筐扁担挑

回家去，在二楼墙外临时用杉木搭起来的“簟坪”上晾干扬净，再由外墙上的门洞搬进二楼里的粮仓。稻草则用来在田里搭一个个长方形的棚子。稻子越割越少，棚子越搭越多，金色的，把大地装点得明亮而且温暖。这是些菇棚，种蘑菇用的。每个棚子大约40平方米左右。里面用木架子架着密密层层的屉子。每个棚子一共能有1800平方米的屉子，可收获1000—1500公斤鲜菇。搭完菇棚，家家户户忙着筛细土拌厩肥，铺到屉子上，再撒菌种。菌种早就育上了，用一个个不大的玻璃瓶，在家里沿墙根放着。厩肥发酵，棚子里非常闷热，恶臭熏得人喘不出气来。近来有人试用化肥，不臭了，可是香菇也不香了。

种上了蘑菇，便开始收割甘蔗。甘蔗长得很旺，一丛一丛，一人多高，紫皮青叶。街口小店里有卖的，每根两元至两元五角，多汁而甜，我们天天买来啃着吃，嘴角都磨破了。还有一位磨伤了下颌骨关节。

初到楼下村那天，新建的村政府门前，水泥场地上停着一辆大卡车，是来收购芋头的。芋头很大，有六七斤以上的，最大的竟有二十几斤。[①]大约是形状的缘故，叫作槟榔芋。价钱分为两等，两斤半以下的，每斤1.05元，两斤半以上的，每斤1.3元。槟榔芋淀粉量大，适合于做芋泥：切开，煮熟了，碾烂，再用猪油熬一熬，放桂花白糖，这是福建的名产。

当地种植的另外两种经济作物，便是茶叶和茉莉花，用来窨制福建著名的茉莉花茶。楼下行政村分别种了400多亩和300多亩。但本村并不窨制，而是卖鲜货。近年茶业不景气，外销势头不好，茉莉花跟着降价，一斤鲜花朵儿只卖到6元上下，比猪肉还贱，一斤猪肉还要7元钱呢！因此农民对种茉莉花不大起劲，大田里的茉莉花已经偏老，应该重新扦插了，但迟迟没有人动手。

过去村里种苎麻，剥皮沤麻，家家自织苎布，制作“粗衫”。光绪《福安县志》：“苎片，缉苎为之，圆纱者曰夏布，扁纱者曰缲布。”圆

① 宋梁克家《三山志》：“陶隐君云：蜀川生者形圆而大，状如蹲鸱。朱子诗：‘沃野无丰年，正得蹲鸱力。’”

纱是纺过的，扁纱就是苎皮。现在苎麻已经很少。我们在人家楼上还见到几台织机，有一台竟还在使用。

柏柱垟农民另一宗收入便是饲养蛋鸭，生蛋出卖。粗略估计，楼下行政村有蛋鸭一万多只。我们每天早晚在小路上相遇的雏鸭群，便是这个大军中的后备队。

四周的高山光秃秃的，不出产什么。不过乡民们都说，过去山上全是杉木和竹子。那时候福建省的习惯，山林大都归宗族公有，过了山顶从松萝村直到霞浦县境，都是楼下刘氏的。杉木粗大，所以当地风俗，房屋脊檩，三个开间，要用一根通长的杉木，以图吉利。近几十年来山林都砍伐光了，纵目看去，只有西头的山下村背后，还有一坡的树木。

这几年国际市场上花岗石板材的行情看好，福建省沿海各县纷纷开设石板厂，劈山割石，能赚些钱。楼下村也有一个厂子，狮峰寺后山上天天炸山声不绝。石材开发了，山体创伤累累，留下了严重的水土流失问题。[①]

楼下行政村村民委员会主任叫刘荣进，是个很精干的中年人（1957年出生）。我们初到那几天，他安排我们到他表弟家吃饭，给了我们办公室的钥匙，以后一直就找不到他了。有一天，我们到鲤屿去，碰到他正带着一伙人踏勘，告诉我们说，整个鲤屿全是石英石，开采出来可以卖大价钱。他俯身捡了几块石头，拂去泥土，还真是白色的。他说，这就是鲤鱼骨。鲤屿是楼下村的案山，风水上至关重要，过去照例都是古木参天，宗祠有严厉的族规不许砍柴割草。20世纪50年代为大炼钢铁砍光了树木，现在为了开采石材，这里又将在隆隆的爆炸声中被挖平。在经济力量驱使之下，风水迷信不攻自破，可惜生态的破坏毕竟是太大的代价。

虽然以农业为主，但近年来开发多种经济作物，如甘蔗、芋头、茶叶、茉莉、蘑菇，不是只种粮食，加上又养鸭、又采石，柏柱垟各村的收入大有提高，其中又以楼下村为最好，例如村民委员会调解委员、

① 石板大多出口到日本。

会计刘圣宝（1944年出生）夫妇二人劳作，一年的收入在一万两千元以上。有些人家有年轻人外出打工，收入就更高了。村里黑白电视机很普遍，大多数人家都有。刘圣宝家有一台21英寸的彩色电视机，可惜因为山高路远，屏幕影像不大清楚。生活比较拮据的人还是有的。我们寄食的一家姓王，是村政府的通讯员。吃了几天素，我们建议他在菜里放点儿肉丝。他说，因为平日吃不起肉，所以不会炒这样的菜。村长安排我们在他家吃饭，恐怕也有照顾他赚几个劳务费的意思。

溪柄乡政府建设办公室的主任，在第一天陪伴我们到楼下村去的路上，告诉我们，闽东一带的农村里现在到处有一些流氓集团横行。那些人不从事生产劳动，练一身武功，每到粮食、芋头、茶叶、茉莉花等收获季节，便在市场上敲诈，逼迫出售产品的农民分一半收入，美其名为“保安费”。这其实是些土匪。楼下村刘氏宗祠西侧有户人家，兄弟两个，哥哥刘国清已经成亲，弟弟二十多岁了，还没有找上对象，因为家里穷，姑娘不爱。为了给弟弟娶上媳妇，兄弟两个和嫂子拼命劳作，秋收后种了两棚蘑菇。有一天，我们端个小凳子坐在房檐下，一边看他们筛细土拌厩肥，一边跟他们拉家常。说到那些流氓土匪，他们很气愤，种两棚蘑菇，有一棚将来是流氓们的。这样下去，弟弟什么时候才会被姑娘相中？

闽北、闽东过去就多盗匪。闽东靠海而多山，曾经是海盗出没之地，有些海盗还勾结倭寇，成为长期的祸患。

倭寇和土匪，可能跟楼下村的历史有些说不清的特殊关系。

四

楼下村和南山村有三条主要村路贯穿全村，
最低的村路西端有店铺，是柏柱垟的一条老街。
楼下村有三十多幢大型住宅，集中在三条村路的中段，
中小型住宅零散分布在高处的两条村路左右。

我们在楼下村的工作，其实还包含着另一个自然村——南山村。南山村在楼下村的东南，两村之间相距不过几十米，这小小间隙里还散布着几幢零星的房子，以致不留心就看不出这是两个村子。作为两村的界线的，是一条曲曲折折的山水沟，在高处大致是由西向东流，然后下了陡坡，向北流，穿过垟田，到鲤屿西北角跟自东面垟头村来的另一条大沟汇合，成了真正的溪。这山水沟大约只有一米宽，两边长着茂草，几乎把它遮住。我们来来回回走了许多趟，经乡人提醒才意识到它。

南山村的地势比楼下村高，房屋少得多，分布比较零散，而且质量和规模也明显不如楼下村的。

楼下村和南山村一起，从西北到东南，总长大约530米，最宽处在楼下村，大约350米。有三条主要村路从西北到东南贯穿全村，大体循等高线走，但上面两条，在中段登高像一道岭。有些短路上下连接它们，坡度很徒。

村景

楼下村的水口在西北端，我们天天早晨从狮峰寺来便从水口入村。水口的上手坡以前本有一大片树林，前些年被伐光，建了小学校。现在只剩下一棵大榕树，小学校的围墙本来正好要通过它的位置，却绕它转了半圈，把它隔在墙外，保护得很好，叫人看了欢喜，觉得学校毕竟是个传播文明的地方。

水口的下手坡是一座“仙宫”，供着各种神灵。它背对水口，从它的后墙根进村，路分两条。一条向左，下陡坡，顺“仙宫”的东南墙走向村政府前，最低的一条村路就从这里开始；另一条向右，走大约一百多米来到刘氏宗祠左前角，又分岔，一条绕西墙绕到宗祠背后再转向东南走，这就是最高的一条村路，另一条到宗祠的右前方，向右上坡，再分岔。继续向右的一条与最高的村路相接，在这个接合点向上走一段路便是王氏宗祠；向左偏一点便向东南走去的一条逐渐散乱。最高的那条村路，一下坡，在楼下村与南山村之间，有一座单间的“翠竹湖宫”，模样和名字一样可爱。再向前走，到南山村中央，向北一拐，下了陡坡。在那一拐的怀抱里，有一座“五显神庙”，不知为什么，村民们叫它“众厅”，那就是宗族性的了。中间那条村路在散乱了之后，有一条小支岔走出楼下村，那里有一座属于南山村的“宫”。

最低处的那条村路，西端有几家店铺，排板门，一开间至三开间不等。铺面大多是旧有的，1949年以前，那里有杂货店、鱼店和染布作坊等，商业比现在还多一些，是柏柱垟里唯一的“商业街”，更繁华的便是17里外的溪柄街了。20世纪50年代初，社会大变动之后，店铺停业了，只有一家供销合作社门市部。近十来年，才恢复了几家小店铺，供销社门市部也造了一座砖木结构的、四开间的新房子。小店卖油盐酱醋、糕饼糖果、火柴香烟、甘蔗甜橙和小学生的笔墨纸张。有两家小店在角落里立着个冻箱，存着些海杂鱼①。营业的时候，用卸下的门板在门前搭个摊子，就把杂鱼、海带、鲜菇之类摊在上面卖。

居然有两家药店，卖药的懂得一点皮毛医道，能向农民推荐用药。我们中的一位患了感冒，咳嗽，去买药，对症的药的有效期已经过了十年了。我们问老板，这药怎么能治病，他满不在乎地一笑，说：“农民嘛，就这样！”县志有宋人陈宓写的《惠民药局记》，里面说福建：“俗信巫尚鬼，市绝无药，有则低价以贸州之滞腐不售者，贫人利其廉，服不瘳，则淫巫之说益信。于是，有病不药，不夭阏幸矣。诗曰：‘蓝冰秋来八九月，芒花山瘴一齐发。时人信巫纸多烧，病不求医命自活。’呜呼，兽且有医，而忍吾赤子诞于巫、累于贾哉？”现在“低价以贸州之滞腐不售”之药，仍在继续，青牛山上的“五谷仙宫”里还有人烧香摇签求药方。这一千年的岁月悠悠，某些世事却未必有根本的改变。

有一位药店老板兼写对联、斗方之类出卖，常有墨迹淋漓的作品铺在街上晾干。内容抄自一个《楹联大全》，虽是近出，却依旧是陈词滥调。

---

① 最多的是风鳝鱼。光绪《福安县志》载：“俗呼烂婝，首似龙形，身白如银鱼。无皮鳞，骨软弱。霜降后渐肥而甘。……干为龙头鲓。”就是我们吃过几次的龙头鱼。

供销社的商品多一点，日用品比较齐全，还有农药、化肥、柴油和农用塑料薄膜。

顺这条街向前走，有几十米的一段，右边为拓宽街面而拆掉了一些老店铺，现在补上了红砖墙。有一幢大型住宅也被拆掉了一角，这一角正是一个地窖所在。地窖已经被填平了，我们丈量了痕迹，深1.8米，当年大约是贮藏些值钱东西的。

街的东南口上，有一座小小的、单开间的庙，供着土地公公和“泗洲文佛”，是楼下村的。还有同样的一座，在刘氏宗祠左前方十来米，天天都有一伙人蹲在里面打纸牌。

这条最低的街，地形最平，几乎没有起伏，曲折也不大，两侧密排着房屋。上面两条，地形高低起伏剧烈，道路左拐右弯。房屋稀稀落落，间隔很大，因而有些能完整地展现出轮廓优美、山墙飘逸的侧面。空地上点缀着一些椿树和棕榈树，挺拔而清秀。这一部分的景观寥廓、明朗并富有变化，跟我们在浙西、皖南和赣北见到的基本上以小巷组成的村落大不相同，使我们感到很舒畅。

视野最开阔的是楼下村的刘氏宗祠和王氏宗祠。它们都在高坎上，王氏宗祠且在全村的最高处。宗祠前面有很大的空场，从门前远望，青青的马上山像屏风一样展开。我们从鲤屿背上看村子，两个宗祠清晰地呈现在重重叠叠的瓦顶之上。楼下村水口边的“仙宫”右侧也有一个大空场，这里是举行崇祀仪式的地方。宗祠和“仙宫”，是全村的几个公共活动中心，位置适当，而且有足够的面积。现在，王氏宗祠已经被改成初中校舍，门厅戏台被拆掉，享堂明间放着两张乒乓球桌，次间加了夹层，上面是教师住宅，下面是办公室。原来院落的右侧造了两层的教室楼，整齐而亮堂，女孩子们穿着红红绿绿的花衫，课间休息时挤在走廊上看男孩子们在下面打篮球，洋溢着活泼的生气。刘氏宗祠锁着大门，里面已经租给人家育菇苗，前面的空场上正晒着新谷，一片金黄。“仙宫”的院子和右侧的空场也都用来晒新谷，甚至戏台上都晾着谷子。

大约三十幢大型住宅分布在三条村路的中段。越往下越多，在最低的那条路的北侧，垟田的边缘上，有十二幢大型住宅，分前后两排，一幢挨着一幢，称“垟中厝”，又和路南的四幢接连成一大片。在这一片住宅区里走，两侧长长的、高高的夯土墙，淡淡的土黄色，斑驳粗粝，沉闷而苍老，仿佛隐藏着许多故事。几个披檐门头，看过去也不见有什么出色的地方。有一天，为了测量，我们爬到了位于巷子尽头的一幢大宅子的三楼上，推窗一望，意外的景色把我们惊呆了。那些住宅，好一派壮丽气象。轻巧而体形丰富多变的山墙，上有尖尖的高翘的脊尾，下面挂着长长的悬鱼，白粉壁映衬着栗色的木构架，一层又一层，远远铺开过去，在飘飘洒洒的屋顶下，往昔的富丽豪华依然可以清晰地想见。抬头遥望四周触天的山峦，我们禁不住要问：在这个荒僻的山地里，怎么会有这样的一个村子？

中小型的住宅很少，零散分布在高处的两条村路上下，年代大都比较晚近，有些甚至是新造的。

楼下村所有的房子，也包括宗祠和“仙宫”，一律朝向东偏北大约15度。只有泗洲文佛的小庙朝向东略偏南。东偏北有马上山的两个锥形山峰，一个便是狮峰寺的朝山，825米高，另一个在它的东南，稍稍矮一些。有些房子正对着前者，有些对着后者，相差小小一个夹角，不到5度。房子背后对着西南的笔架山。前面两个山峰在风水术上称为文笔峰，乡民因此把马上山叫作“前笔架山”，把笔架山叫作“后笔架山”。面对文笔峰，大有利于文运，许多大宅子都把它写进大门门联，例如：“此处文峰容架笔；吾家世业本传经。”“鲤屿祥辉昭广宇；笔峰爽气起人文。”为了喜兴，柏柱垟过去就叫双峰乡。

南山村的房子，一部分也面对前笔架山，但背后便不可能对后笔架山了；另一部分则向西面对后笔架山，背后是东方的群山，山峰参差，笼统叫作“八仙山”。有一天，我们访问村中被叫作“寻龙先生”的风水师郑成祥（1930年生）。他的口音我们一点也听不懂，我们的话他也听不懂，只好找一位高年级小学生当翻译。才说了几句，小学生便败下阵来。于是请来了小学老师，她也不大听得懂风水师玄奥的学问，翻译非常困难。我们彼此猜谜语，笑话百出。堵在房门口和窗外的男女老少嘻嘻哈哈，觉得好玩，有时候也插嘴帮忙翻译几句，越译越乱。断断续续，我们听明白了老风水师解释的南山村在各方面都落后于楼下村的原因：南山村的风水本来非常好，远远好过楼下村的，因此宋代出了一个进士，叫“郑武成”。他到朝中做官，带走了风水。他再也没有回来，南山村从此衰败了。

风水之说固然荒诞不经，但“郑武成”却引起了我们的大兴趣。回来之后，在《福安县志》上寻找了几遍，原来，不是郑武成，而是郑虎臣，不是进士，而是“会稽尉”，生于宋嘉定十二年（1219）。奸佞贾似道远谪南荒，郑虎臣自请为押行官，到了清漳县城外木绵庵中，郑虎臣杀了贾似道，自缚请死。《福安县志·山川》记：“狮峰在县南四十里……其下为柏柱村，宋郑虎臣居此。”《福安县志·古迹》又记：“会稽尉郑虎臣墓，在柏柱阳头村，康熙五十年（1711）……准立墓道勒碑。道光五年（1825）重修。”重修时建祠。柏柱村指的就是南山村，阳头村就是垟头村，在南山村东二里，祠、墓今存。那篇《重建柏柱仙宫募捐倡议书》里写着“虎臣祠流芳千古”，指的就是这座墓祠，我们当时没有注意。福安又有三贤祠，祀唐神龙二年（706）进士、开元中曾任左补阙兼太子侍读的薛令之以及宋郑虎臣和谢翱。明李东阳有诗咏郑虎臣杀贾似道事，有句说：“君王不诛监押诛，父仇国愤一时摅。监押虽死死不灭，元城使者空呕血。”郑虎臣墓祠内有相传为文天祥撰的对联：“作正气人都为名教肩任；到成仁处总缘大义认真。”联和诗都歌颂了郑虎臣的爱国热情。南山村这个衰落而洋溢着浓重闭塞气氛的山村，原来有过这样的一位义士，真是难以想象。教我们深深觉得遗憾的是，我们在南山村工作了好多日子，竟没有一个人向我们提起这位英雄，他的一位识字能文的子孙竟连他的名字都写错了，而且还埋怨他带走了风水。

不过，村民外迁会带走风水福气的说法，至今在乡民中还很当真。就在我们工作期间，楼下村有一位王姓的女儿出嫁到山背后的松萝村

刘氏宗祠

去。我们追着花轿照相。轿子抬到刘氏宗祠左前方的路口，那里设着一只香案，新娘下轿拜了两拜，留下了一些钱，才上轿接着赶路。我们打听这叫什么仪式，正在收拾香案的老人说，这是为了叫新娘留下楼下村的风水福气，不要带走。“嫁出去的女儿泼出去的水”，这种防范真够绝情的。

楼下村和南山村只有那一条不起眼的山水沟，平日干涸，雨天才有水。雨水也从街巷边的阳沟排到垟田里去。村民日常用水全靠水井，多数人家在后天井里有井，甚至有两口井，井口上沿设石头的井圈，防孩子跌落下去。现在家家用自来水，方便得很。但井水省钱，大量用水的时候，比如磨番薯粉，还用井水，也有出力气挑到鲤屿西北的小溪边去的。

五

楼下村和南山村是杂姓村落，刘姓是楼下大姓。
最早定居楼下的是王姓和陈姓。
北宋时福安刘氏迁入苏垟，后有一支康熙初年徙居楼下，
并且很快发家，建起壮观的连片大宅群。

楼下村和南山村都不是单姓血缘村落。楼下村的大姓姓刘，另有王、陈等小姓。南山村有郑、张、李、阙等姓。[①]在南方，封建家长制度下的农村，一般都是聚族而居。在柏柱垟这样一个很封闭的山间盆地里，既非交通要道，又非商业中心，怎么会有一个杂姓村？这问题从工作一开始就在我们心里盘旋。

村民们都说，南山村的历史早于楼下村。楼下村这一片村址，本来是南山村的。后来楼下村发展了，南山村却没缩到东南角上去了，只剩下三百来人，连个宗祠都没有。楼下村里，据说最早来定居的是陈姓和王姓，陈姓大约明代末年从本县上杭村迁来，但是，清代初年刘姓来了之后，陈姓很快被压倒了，现在只有几家。王姓有三十几家。全村三十幢上下的大型住宅中，只有两三幢是王姓的，其余全属刘姓。除了低处

① 据1982年3月出版的《福安县地名录》（福安县地名办公室编），楼下村有317户，1183人，南山村有80户，292人，十余年来都有增加。

那十几幢连片大宅都是刘姓的之外，村子里各姓的住宅混杂在一起，并不分范围界限。刘姓有七百来人，现在的村民委员会，委员清一色姓刘。村民们说，各姓之间历史上都和睦相处，但是又说，从楼下村水口到刘氏宗祠之间的道路，有一段是刘、陈两姓各占半边，姓陈的走上边，姓刘的走下边，如果有人走错，就会挨打。看来，一向和睦的说法好像是有意粉饰。

为了弄清楚一些问题，我们很想看一看几姓的家谱。村长答复我们，刘氏分为六个房派，看总谱要六个房派的代表一致同意，选定黄道吉日，焚香礼拜，才能打开谱箱。祖宗遗言，没有关系到全宗族共同的大事，如续谱之类，不许看总谱。房谱倒是有可能借来看，但内容只是谱图，怕看了也没有什么用处。他说，总谱由哪家保管着他不知道。也许知道而不想告诉我们罢。至于王氏的宗谱，他当然更不能说什么了。有一天，我们在山坡上一户王姓人家里，跟主人聊得有滋有味，看着气氛很好，就试探着打听宗谱的事，不料主人立即停止了谈笑。我们知趣，赶紧岔开话题，但谈话已经没有了兴致，只好搭讪着辞了出来。好在给92岁的老太太照了一张相，主人还能用笑脸送我们出门。

其他各姓则连宗祠都没有，不大可能有宗谱，我们也就没有再问。

但后来事情有了转折，使我们的愿望多少得到了一些满足。转折发生在村民委员会调解委员、会计刘圣宝先生身上。圣宝先生只有五十出头，小学毕业，但是他关心村里的事，村民们公认他知道得最多。他又勤奋好学。我们到村不久便去访问他，两次他都下田收割，不在家。第三次去，虽然仍不在，却在餐室桌上用茶壶压了一张条子留给我们，上面竟写着一首诗："欣闻贵宾顾寒庭，无缘相见疚在心。莫嗔农夫失礼待，日出担谷晚归星。今朝收拾田场净，明晨扫榻候驾临。"字迹也颇工整挺拔。后来我几乎天天去他家坐一坐，喝喝茶，请教些旧闻故事，谈得很投机。有一天，他挑谷子回家时，不幸扭伤了脚踝。"伤筋动骨一百天"，躺倒在床起不来了。我买了水果去看望他，他妻子按地方礼数先用托盘敬了我一小杯糖水，然后托出茶来。天很冷，我坐到床上，

村景

拉过他的被子盖上，说了一会儿话，圣宝先生用手指一指大衣柜，叫我打开来，从顶上一格拿出个纸包。一解开纸，我又惊又喜，原来，这是一个薄薄的小本子，蓝布封面，赫然写着《双峰刘氏族谱》几个墨字。我千谢万谢，把它带回了狮峰寺，吃过晚饭，拥被细读。本子是素毛边纸订的，毛笔手写，没有格式，很随意。虽然是残本，内容不多，而且相互有点出入，但有几篇重要资料。后来圣宝先生告诉我，这不是宗谱正本，而是一个誊本。不知是谁誊录的，在“文化大革命”时期，落到了他的堂叔刘荣汉手里。刘荣汉并不识字，但知道它的重要，因为家里穷、“成分好”，所以能在那恐怖年月安全地把它保存了下来。刘荣汉去世前夕，把圣宝先生唤到病榻前，传给了他。正本在“文化大革命”中被烧掉了，村长所说的那些话，不过是为了掩饰搪塞。

抄本《族谱》第一篇是《双峰建祠记》，说明了福安刘氏的源流，参照另一篇《始祖十九公墓志铭》，大意是：福安刘氏是中山靖王之后，北宋时，威惠节度使刘皈［行十九，字居仁，生咸平戊戌元年

（998），卒元丰辛酉四年（1081）］奉“敕命南巡，肃清海寇。边境获宁，皆公之力也。既而辽忧侵犯，公累上书，不报，挂冠居东垟，寻迁苏江，从之者如归”（《墓志铭》）。[1]这位辞官的节度使便是苏垟刘氏的始迁祖，他很善于经营：

> 市东至松罗垟，西至大江，南连东蜀，北至象环，皆平土地，而莫居之。垦辟海滨之地为田，以召民佃，立法甚严。居民富庶，衣食丰饶，四方从之者益众。又以苏水秀丽，凿上中下三井，通以山泽之气，芟秽薙荒，斩茅斫棘，拓地甚广。规为第宅，民助之者若子弟来，不日而第宅成。

刘皈的子孙逐渐发展，同治十二年（1873）的《谱序》说：“中山刘氏聚族苏江，盖千有余年矣。其环集斯土者不下千余家，其移徙异乡者又不下千余家，统继远近，男女丁口则一万有奇。约举前后移居各地则一百有四。其族满吾郡五邑之冠。”

留在苏江的刘氏，“分房为九，曰下仓，曰墙角，曰蓝边，曰楼下，曰中井，曰中会，曰嵅上，曰厚巷，曰扬边”。厚巷房传到十八世又分为文、武、举三房，其中举房后人、二十四世的杰一公秉友，迁到了苏江东北数十里的双峰，即后来的楼下村。[2]（见《建祠记》）

关于秉友的迁徙楼下，有一则很耐人寻味的记载：

> 昔迁祖杰一公明季人也，康熙初因倭乱苏江，无处栖身，负母潜逃。昼伏深谷之中，夜昏出探行径，识有生路，乃返伏处，寻母

① 苏江今名苏垟，在长溪下游东岸。又据光绪《福安县志·氏族》：“苏垟苏氏，始祖刘皈，唐节度使，天成（后唐明宗）间肇居苏垟，后裔建祠享祀。”与族谱所述皈为宋人，颇有出入。

② 圣宝先生解释，“九房”之一的“楼下”是房派名，杰一公来到的楼下（双峰）是村名。

而逃。加以山荒地黑，不知母伏何处，遂叫曰："母在何处？"母谷中应声曰："吾儿来也，吾在此，吾在此！"公遽至，又负而行。如此数旬，无有倦色。行至柏柱之中，遂居斯土。斯时也，一母一子，形影相吊，在荆棘之中，使母安焉无恙，岂非天感孝行之人乎？[①]

这则记载写明了刘氏之来楼下，在康熙初年。其余部分，写得很生动，但有些疑问。另一则记载，述说杰一公的声望、胆识，颇不相同：

昔有族寇刘五者，屠乡掠村，抢夺财帛，邻境被扰，处处受害，又要来夺王西垟者。其乡人与先祖有旧，求请先祖解难。先祖至，令其乡人饯酒一筵，以待刘五。五至，谓先祖曰："公公，尔为此乡讲情耶？"先祖曰："非也，闻贤孙创业天下，吾饯酒为贤孙送行耳。"五曰："公公，看吾举事，但见烟起，吾即得矣！"遂舍此而去，此乡不遭其害，人人感恩。此亦先祖之大德也。

写这段故事的人即三十一世际庚（名大绳），就是写《建祠记》的。《建祠记》写于光绪二十二年（1896），故事写于二十四年（1898）。从文气看，杰一公迁楼下的经过也是他写的。际庚是圣宝先生的曾祖。

把这两则记载想一想，有一些蹊跷暧昧：刘秉友逃来的时候那么狼狈，忽然之间又在强盗中有那么高的声威，而且能在极短时间内排挤了村里早来的各姓。刘秉友属厚巷房，却以楼下房的名称给新址命名。另有一些稍后从苏江（即苏垟）迁来的刘氏族人，现有一百多，住在刘氏宗祠西侧，却不在刘氏宗祠祭祖，而到柏柱垟另一个村子中去祭，大祭则回苏江。

① 康熙《寿宁县志》（1686年修）记：嘉靖四十一年（1562）十月"倭犯福建，其自浙江温州来者则合福安、连江登陆海贼，攻陷寿宁、政和、宁德等县"。又，崇祯《寿宁待志》（1637年修）"城隘"中记："闽防在海，而福安正海艘登陆之地，昔年倭寇亦从此道，故四隘特为要害。"可供参考。

我们多次找圣宝先生探讨这些问题，他也说不清楚。

根据《族谱》，刘秉友（杰一公）生四子，长、次移居霞邑，三、四子出绍。后来长子学沭（行虞九）生一子万络（行均六），回来寄养于楼下王姓舅氏家。万络生二子，长名良秩（行敉四），次名良科（行寿四）。良秩生子四，良科生子二，六人分立房派，称"天、地、人、日、月、星"，这是第二十八世。据刘圣宝先生提供的资料，繁衍到现在，天房二百多人，地房最大，三百多人，人房一百来人，月房和日房各十多人，星房五十多人。

圣宝先生说，祖上传说，学沭和万络生活不富裕，是挑菜卖的。但《族谱》中记载，良秩是"恩典冠带"［生乾隆壬戌（1742），卒道光甲申（1824）］，他的长子天房房祖二十八世向荣是"邑增生"［生乾隆乙酉（1765），卒咸丰乙卯（1855）］，且很富有。《族谱》中有一篇《向荣赞》说他"质直好义，论事一衷于理，待人必接以诚，而性甘淡素。履丰如约，处富不骄。生平无世俗之好，家居终日危坐，渊焉莫测。其际所谓淡泊明志、恬静致远者非欤？"这时候，满打满算，假定秉友还活着，刘氏五代男丁总计不过才11个在楼下村。发家之快，就本分的卖菜农民来说，是难以想象的。

王姓和陈姓的房子，都在坡上。刘氏初来时的老祖屋，也在坡上，位于王氏宗祠的左前方，小小的，只有三开间，两个次间向前突出一个廊步，在明间前面形成一个檐廊。房子造在高处，显然是为了避免占用垟田，垟田很少，百业所系，十分珍贵。但是，向荣却第一个在现在最低的那条村路的北侧，占用垟田边缘造了一幢大宅，当时被人叫作"垟中厝"。他有三个儿子，老二观澜出绍月房。依照"长房不起屋"的惯例，老大观光住在垟中厝，给老三观成在左侧造了一幢大宅，就是现在会计圣宝先生的住房。观成是例授贡生［生嘉庆壬戌（1802），卒同治甲戌（1874）］。观成生四子，长子作屏［生道光庚寅（1830），卒同治辛未（1871），邑庠生］，照惯例住今圣宝宅。给次子彬［邑庠生，生道光丁酉（1837），卒光绪丁未（1907）］、三子作搏［例授武德骑尉，生道光庚子（1840），卒光绪庚子（1900）]各造了一幢大宅，在今圣宝宅的西侧。两宅的规模、格式完全一样，且是同日同时上梁。给四子作材［邑庠生，生道光乙巳（1845），卒光绪壬午（1882）]造的房子在作搏房子的前面。后来，月房又在向荣老屋东侧靠前造了两幢大宅。在作材的宅子西侧靠前，地房造了一幢大宅。东侧，天房造了一幢。后来东侧又有几幢。这两排大宅[①]和村路南侧的几幢连成一大片，是楼下村也是整个柏柱垟最壮观的住宅群。地房房祖肇傥［生乾隆丁亥（1767），卒咸丰乙卯（1855）]的老屋在坡上，大约在全村的中心位置，现在由村长和他的哥哥（刘柏生）住着。这幢房子的前后又造了三幢，形成轴线正对的一串四幢住宅群，中轴线与下面那一大片的东端一幢相接。

住宅神龛立面

① 现在也把最低的村路北侧这两排大宅统称为“垟中厝”。

圣宝先生说，作搏分家迁入新居时，年龄还很小，一家只有三口人。可以大致推断，他的房子建于道光年间，则观成的房子或许建于嘉庆年间，而向荣的房子则建于乾隆年间，已经有300年历史了。

从向荣起就有如此之大的财力接连建造大批的大型住宅，也绝非卖菜的本分农民所能做得到的。我们心里不断嘀咕着这个问题，总想弄个明白。

三个星期过去，我们的第一轮工作快要结束了，有一天，又去找圣宝先生请教些情况。他的伤还没有好，天也仍然很冷，我照旧坐到床上，盖上他的被子。谈话很愉快，我又一次试探着问他，是不是知道祖先的发迹史。他沉吟了一会，终于说：祖先是靠种鸦片迅速发财的。刘氏到了楼下，村后山坡林地已经被早来的王、陈等姓占有，刘氏买了山背后松萝村一带的山林，在那里种植鸦片。刘家族人从山上挑鸦片下来，箩筐上面盖一层木炭当掩护。

但这事实并不能解释从刘秉友到刘向荣的发迹史，因为从康熙初年到乾隆前期，大约还不大可能种植鸦片。光绪《福安县志》卷七“物产”说．“泊乎番舶弛禁，负贾坌断，茶荈罂粟，遍植崖野，以邀利市之三倍。地力且竭，而农事谮夺，脱遇荒歉，民食其曷济哉！”可见种植鸦片，是在“番舶弛禁”之后。康熙时，曾严厉海禁，甚至将福建沿海居民内迁三十里，刘秉友正是这时从沿海的苏垟村迁来楼下的。[①]于是，我们继续着《族谱》里两则记载给我们的迷惑。既然当年挑担卖菜，看来并没有从苏垟带来多少财产。那么，什么是他们的致富之道呢？[②]

① 2006年4月，我重访楼下村，人们告诉我，楼下村刘氏是靠集资放高利贷而发财的。但放高利贷一要有资本，二要有资本市场。清代初年，刘姓初来乍到，人口很少，大概不大可能搞高利贷。晚期倒有可能。

② 明郑若曾的《筹海图编》载主事唐枢的话：“寇与商同是人也，市通则寇转而为商，市禁则商转而为盗。”“市”指的是海外贸易。可见当时形势很乱。

六

大型住宅的形制相对统一，各个部分功能明确。
主体部分为五开间，屋顶高大，
以厅堂为中心，布局左右对称，
并且围绕主体部分形成前后天井和左右厦厅。
大型住宅的主体部分一共有三层，
二层一般全部通敞，不做分隔，
作为晾谷场和家庭作坊，并设有谷仓，
三楼堆放木料等杂物，且可见前堂屋顶。
大型住宅整座房子均为木结构，
以穿斗式为主，辅以抬梁式。
朴素的整体木构中包含适量的装饰变化。
大屋顶的山面层次最多、体积感强、构图丰富，
大宅主体部分坐落在夯土台基上，围以夯土墙，
山墙有火焰形的“观音兜”等造型变化，
宅内门窗形式多样，分布有层次感，
且雕刻精美，题材丰富，有人文蕴涵。
除院墙外，夯土墙一般都承重，
其表面有的要抹一层特殊加料三合土，

并反复碾压，直至表面光洁，
完成之后可历久不损。

楼下村的大型住宅虽然有三十幢以上，但大同小异，其实只有一种形制。它们的特点是：

第一，主体部分很大，有五开间，明间面阔在4.8米左右，次间3.2米左右，梢间则约有3.8米。进深也很大，前后檐柱间大约有15米，13檩或15檩，屋顶因而又大又高。每榀梁架常有10棵以上的柱子。它的布局也是对称的，以厅堂为中心。因为进深大，所以厅堂和次间卧室都分为前后间，一间朝前，一间朝后，前后各有一个院落。梢间很特别，面对左右两侧，分为三间，以中央一间为厅堂，叫“厦厅”，它前面是一个小天井，叫“厦天井”。

划分前后厅堂的是太师壁（本地称中庭壁，宽约2.5米，高约5.5米）。每侧有两个门，一个比太师壁退后将近2米而与太师壁平行，叫“太平门”；一个与它们成直角，把住它们之间的空隙，叫“耳门”。平日只走耳门，太平门在丧事中才用。平时走耳门，从前堂望不到后堂，保持了后堂的私密性。前堂比后堂进深大，从太师壁到前檐柱大约是8米，从太平门到后檐柱大约是5米。明间和次间在前后都有檐廊，前廊宽阔敞朗，后廊在次间外侧有槛窗，成了夹弄。次间前半的卧室（前堂间）向前堂开门，后半的卧室（后堂间）向后廊开门。住宅主体部分的中央三间如此明确地分为前后两半，这种做法当地叫“一脊翻两堂”，因为它们同在一个前后坡的屋顶之下。很有独立性的左右梢间则各在披厦之下。

主体的前面不一定有厢房，如果有的话，叫护厝或廊庑或偏间，多为两间，少数为三间。与前堂相对，另有五间“下座”，其中央一间为大门厅（叫下堂），门厅里有屏门（叫下庭壁）。下座的梢间与两厢一起构成三间一组，以中央一间为厅堂（叫廊庑厅）。这样就围合成了一个前天井。天井大约左右宽8.5米，前后深4米多。地面低下0.6米，像个大池子。主体的后天井则一定有两厢，各有两间，靠前的一间与后檐廊、

住宅（李玉祥 摄）

后天井和厦天井连通，叫“通行厅”，它两侧都采光，是住宅中日常生活重要的起居空间，兼当饭厅。另一间是厨房。厨房与饭厅合称为伙厢。左右伙厢完全相同。后天井之后，紧贴着后墙有三间“倒回廊”，左右连着厨房。倒回廊的中央一间也是厅，隔天井与后堂相对。有些人家，倒回廊前筑一道照墙，把倒回廊完全遮住。这座照墙往往是整个住宅的艺术中心，壁上有华丽的堆塑和精美的书法。壁前设花坛。后天井里有井，井口设石井栏。许多人家在后天井里架石条几，陈列花卉盆景。

主体两侧，是厦院，从前天井到厦院去，经过前檐廊两端的夹弄，叫“三门弄”。院内面对厦天井的三间统称“厦间”。中央称“厦厅”或“书厅”，另两间分别为“厦前间”和“厦后间”。厦厅像堂屋一样，向厦天井敞开。厦后间与饭厅相通，厦前间有门开向前檐廊。厦间是一个完整的居住单元。前堂是礼仪中心，过于庄严肃穆，平日不大有人爱去。后堂则过于阴暗压抑，也不适合于日常活动。而厦间则尺度适中，

住宅山墙与悬鱼（李玉祥 摄）

宁静亲切。家庭活动和接待亲近客人都在厦间。厦天井常常有一方鱼池，对面是装饰精巧的照壁。燕子已经飞走，但梁上尚留空巢。坐在厅里，体味着“雨细鱼儿出，风轻燕子斜”的逸趣，真是一种享受。

这样的大宅，可以看作是左右两套甚至四套厦院背对背夹着前后堂构成的。兄弟分家的时候，分的是厦院，厅堂公用。20世纪50年代初期土地改革的时候，大宅也是这样分给穷人的。不过当时楼下村无房穷人很少，所以多分给狮峰寺前面的田头嶐人。但田头嶐在三里以外，住在楼下村下田劳作太远，而且外村人住在楼下也觉得不方便，楼下人便又陆续把房子买回来了。

第二，楼下村大型住宅很重要的一个特点就是它的楼层处理。它的主体部分一共有三层。底层高约2.85米。前堂高两层有余，有个在大屋顶之下的前后两坡顶，叫“重栋”，正脊高约7米，因此，二层缺了前堂这一块。二楼的梢间就由前后堂山面的侧向披檐覆盖，这披檐叫“厦栋”。三层全包容在大屋顶里面，缩为三开间，中央还有前堂的重栋凸起，所以三层面积不大。重栋精美的梁架给了三楼极好的装饰。前厢、后厢、下座和倒回廊也有两层。一幢住宅的总面积在1100—1200平方米左右，所以我们称它们为大型住宅。

二楼高约2.3米，除了前堂上部所占，面积大约300平方米，一般全部通敞，不做分隔，是一个大大的晾谷场和家庭作坊。设置着“风轮”（即扬谷的风车）、砻（脱谷壳用）、石臼、石磨、织苎机和酿酒的全部设备。我们在楼下村工作期间，正值秋收，家家二楼铺着十几厘米到三十厘米厚的新谷。一家人种三亩来田的稻子，一季亩产千把斤，在二楼晾开，面积足够了，所以田间几乎没有晒场。我们只在南山村和楼下村之间的一块田里见到铺着竹席晒谷。秋收季节，闽东多雨，我们在楼下村工作期间，二十来天只有一天是完全的晴天，在住宅的二楼晾谷，很适合于当地的气候。除了晾谷子，二楼便是各种家庭作坊。有一家正在酿酒，我们满有兴趣地去看了一看，每人被款待了一碗糯米饭。

在二楼，紧贴着前堂上部的左右，各有三间谷仓，后面还有两间仓房。为了防鼠，谷仓内的板壁和天花都抹一层加料三合土，地板上先架一层木板，再在上面铺一层砖。晾干了谷，用“风轮”扬净，就近进仓，十分方便。仓内谷子是散装的，仓门不用闸板，所以一仓装不了多少，约为800—1000斤，但也足够了。因此谷仓有空着的。农民交了公粮，粮站并不收走，就存在他们家的谷仓里，贴上一张封条就可以了。这也说得上是“藏富于民”罢。

二楼的梢间，前后墙上都有对外的门洞，门前并没有楼梯，也没有其他任何设施，连遮拦都没有。我们问这门是做什么用的，村子里年轻人没有见到过使用这门，回答不出我们的问题。村老人会会长刘汝仪（1922年出生）说，以前有些人家田多，到晾谷子的时候二楼不够用，还要在这门外面临时搭一个高高的木架台子晾谷（叫簟坪），谷子晾干了从这门挑进二楼入仓。仔细一看，门槛都快磨光了，显然官家来开仓取粮的时候，也是从这门吊下去的。

住宅大门（李玉祥 摄）

三楼通常存放杂物，最常见的是木料。大概主要就是搭簟坪用的。

在不少人家，我们看见二楼挂着沙袋、吊环，地板上放着石锁或铸钢哑铃。当地年轻农民喜欢练武，据福安县文化馆编的《福安民间故事》（1982年出版）说："清末，福安大兴拳风，到处设拳馆，争相请拳师。"则这种风尚由来已久。可惜的是，现在有一些地痞练了拳去压迫老实的农民，而老实农民练了拳也不能保护自己。[①]

大型住宅中楼梯的位置和做法很符合住宅的特点。它们左右对称各有两个，有利于分家。有两个楼梯安置在前部，以在主体部分前檐廊两端居多，便于挑谷子上楼；另外两个在厨房里，便于主妇上楼做酿酒等劳作或做各种家务。为了挑谷子上楼安全、省力，楼梯踏步比较宽，有78厘

① 雍正十二年（1734）上谕："朕闻闽省漳泉地方，其俗强悍，好勇斗狠，而族大丁繁之家，往往恃其人力众盛，欺压单寒，偶因雀角小故，动辄纠党械斗，酿成大案。"（见乾隆《福建通志》）虽说的是漳泉地区，可以参考。

米，楼梯间的宽度在一米上下。楼梯的坡度也比较平缓，每个踏步高16—17厘米，阔30厘米左右。

第三，整座房子都是木结构的，没有砖、石，很少夯土。以穿斗式结构为主，补充以抬梁，所以一榀排架有10棵左右的柱子。内墙、外墙一律用板壁。板壁上部，如檐下或山墙，在结构构件之间，则用编竹堵空，上抹白灰。楼板也是木质的，有两层，楼板梁比较密，后厅上方就有15根梁之多。

木结构整体很朴素，不过也有几处很有装饰效果的处理。一是厅堂前檐廊上的卷棚轩，当地叫“滚廊”。檐枋外，与卷棚轩的外侧底边同高之处，又跨出一排弧形的椽子，另一端架在挑檐檩（叫随桁）上，它们与卷棚轩组成一个很美的前檐。挑檐檩由檐柱上三出的插栱支承。在住宅的院门上，也多用几跳插栱支承挑檐。插栱是福建的常见做法，轻快而简洁有力，曾经在13世纪随佛教徒传到日本，形成日本建筑中的“天竺样”，典型的作品就是雄壮的奈良东大寺大门。[①]楼下村刘氏地房房祖的大宅，在挑檐檩上还有雕刻精致的“吊筒”，一一垂下，吊筒之间又有一道窄窄的雕花板，造成更华丽的前檐。“吊筒”很像垂莲柱。

二是房屋一周圈，也包括天井四面、厅堂里和大门厅里，板壁墙的上槛之上、檩条之下的位置上，有一排“对树花”（“斗枝花”）。它的做法大致是，先安一块挖出一列半圆空隙的木板，在每个半圆空隙里再镶一块雕刻，用编竹抹灰堵上这块雕刻所余的空隙。白灰衬托出雕刻来，这雕刻是两枝叶子纤纤而茂盛的树枝，一边一枝，对称分布，所以叫“对树花”。繁密细碎的“对树花”与素朴的结构对比鲜明，在檐下有如一条玲珑的编织花边，很生动。

三是前堂和大门厅的两侧，坡屋顶下结构上部的三角形部位，穿

① 闽西各县，如永安，住宅下部架空，板壁的木板水平排列，明显有干栏式建筑的遗风，且层高很低，檐口只略高于1.8米。韩国和日本的住宅与此十分类似，可能受到此地影响。

斗架上的“穿”做得像流云一样灵巧、飘逸，又像舞蹈家轻柔地游动着的玉臂。结构的空隙用编竹填充，抹上白灰，因此木结构清晰地呈现出来。它们理性的逻辑条理与构件的柔美灵动相结合，尤其动人。可惜如此优美的“穿”被称作“猫栿”，大约它有点像猫要扑鼠时的姿势，前身下伏，后身拱起，蓄足了力量，即将弹射而出。

结构最美的部位是大屋顶的山面。这里层次最多，体积感最强，构图最丰富，充满了虚实、形体、光影、颜色和材质的对比。上面有屋脊端点尖锐锋利、高高挑起的尾角，往下是悬出几乎有两米的前后坡屋面（叫“大栋”）的侧缘，薄而且有一点刚刚能觉察的弯曲。从两坡的交点上，也就是三角形的顶点，垂下长长的悬鱼，当地叫“鱼板”或者“角鱼”。鱼板上刻着八卦等精致的浮雕图案和吉祥词，下端则是一对栩栩如生的鱼。挑出的屋面像翅膀一样遮护着悬鱼后面的山墙，山墙上的白灰则衬托出栗色原木的穿斗架。下面是三楼壁上的一抹披檐，叫“小厦栋”，再下是二楼梢间的披檐，叫“厦栋”。小厦栋下开着三楼的窗子，小厦栋之上开着三楼的高窗。窗子外常常挂着洗干净了的衣衫，大多红红绿绿，色彩鲜艳。也有的在窗外厦栋上放几盆葱或辣椒，一簇碧绿，几星艳红，生趣盎然。这种山面和流行于浙西、赣北、皖南以及福建省大部分地区的马头墙大不相同，而与浙江省永嘉县楠溪江流域的民居很接近。永嘉距福安不远，那里有些村落的居民是早年从闽北举族迁徙过去的，两地建筑多少有共同之处。深挑的悬山和封闭的马头墙这两种不同的山面，对建筑的风格差异起了重大的作用。浙西等地的马头墙，轮廓活跃，天际线变化多端，但墙面呆板而且很封闭；楼下村与楠溪江中游房舍的山面，开朗、轻快、立体化而有通透感，更使人感到亲切。

第四，大型住宅的主体部分，坐落在一个完整的台基之上，台基是夯土的，高约60厘米，位于宅基地的中央而略略靠后一点。宅基地左右比台基宽出约4—5米，前面宽出10米多，后面则与厨房的山墙和倒回廊的后檐取齐。基地四周围以大约3米高的夯土墙。在厨房后山，变化成

“屏风墙”，这是一种形同火焰的山墙，四个锋利的尖子向上升腾，中央两个高，左右两个矮，尖子之间则是弧形的下凹。这种山墙叫“观音兜”，因为它的外形像妇女的胸兜。墙脊平压着几排青砖，有简单的线脚。如果扩建前厢房，则前厢的前山与院墙重合，屋顶则作轻快的悬山式。我们在楼下村只见到一座大宅，两厢前山作屏风墙，但不取火形，而是弧形的，脊也是弧形的，当地叫“虾蛄墙”。虾蛄是一种海产节肢动物，长约15厘米，弓身呈弧形，背也呈弧形，乡民多用来下酒。以虾蛄给山墙命名，既形象化，又是本地风光，很有乡土气息。[①]

人口增多，则在主体部分两侧扩建旁廊庑。旁廊庑多为单开间，单层，如同厦厅前的两厢。它一端在厦间的廊下，另一端与侧面的院墙重合。这时候，在院墙上相应地要加筑屏风墙，以承檩条，多是火形的观音兜。有些住宅有三个甚至四个旁廊庑，侧面院墙上相应地有三个或四个火焰式的山墙，金黄色的夯土院墙的轮廓因而非常活泼，具有动感。它们与既轻巧又开朗的白壁、素木、青瓦的房舍相组合，无论是颜色还是形体，都在对比中显得很和谐。院墙如同一个托座，把院门、廊庑和高大的主体连接成完整的构图，变化丰富而又统一。

旁廊庑把两侧空地分隔成了一个个的小天井，厦厅前天井往往被一方鱼池占满，或者陈设盆栽盆景。后天井的雨水沟分两支从两侧阶砌下往前流，经过两侧的厦天井，用一道小堰与鱼池分开，但有闸门可以开启连通。鱼池小堰和水沟都是土筑的，不漏水。

据黄汉民先生论断，夯土技术是由几次自北而南的大移民带到福建的。在楼下村，它的使用不多，大多被用来筑院墙、厨房和旁廊庑的山墙、倒回廊和下座的后檐墙以及后天井的照壁。只有在刘圣宝住宅西侧的两幢大宅，即刘观成给刘彬和刘作搏造的两幢住宅中，厨房和饭厅之间用夯土筑了一道封火墙。除院墙外，夯土墙一般都承重，这与北方和

① 闽东房屋，一般通行封火山墙，形式变化很多，且奔放流动，有如潮涌浪翻，显然也与海洋有关。楼下地属闽东，但很少用封火山墙，仅前后厢采用，且形式仅火形一种，可见其并不重要。房屋主体以悬山顶深挑，不用封火山墙。

住宅围屏上绦环板装饰

江南的砖墙只作围护之用不同。

院墙有前后门。后门多在厨房前侧出后院墙。没有前廊庑和前天井时，前院门比较简单，随墙式，上有木檐，进门便隔着院落正对檐廊、厅堂和檐廊两端的楼梯。有了前廊庑和下座，前院门就比较复杂，一般是石库门，上有披檐，左右有砖雕门联和题诗的砖框，式样也有定制。进门是个高敞的门罩。

住宅槅扇窗

我们初到楼下村时，就对当地的夯土技术发生了极大的兴趣。且不说二三百年的夯土墙巍然不倒，那些院门两侧的夯土墙、住宅的夯土台基、天井和堂屋的地面，以及鱼池、小堰和水沟，表面平整、严实、坚硬，没有破损，我们用刀子划、凿、挖，都不能有伤于它。而且颜色金黄，鲜艳明亮。起初，没有找到一个人能告诉我们这个表面是怎么做的。后来，我们仔细观察，才发现原来在这些部位，夯土面上罩了七八毫米厚的一层特别致密的黄土。但这面层是怎么配料的，又是怎么弄上去的，大概更没有人知道了罢。幸好在我们的工作快要结束时，无意中

住宅花窗木雕（李玉祥 摄）

遇到一位老年人，几十年前跟人夯过土。他说，当地的土是红壤土，很适合于夯筑，挖起来便能用，不必掺料成三合土。每夯到一定高度，先用铁铲修正墙面，再用大板拍打，使表面一两寸十分密实坚硬，然后用比较潮润的细土补缺、填洞，用小板拍实，最后再用大板拍打一遍。这样，墙壁就不大怕雨水冲刷了。至于台基表面、地面、鱼池和院门两侧墙面上那特别坚硬的一层，是抹上去的，就像抹白灰一样。这一层，是特殊加料三合土，用红糖、蛋清和糯米粉糊调水，均匀之后，再加入普通三合土中搅匀而成。抹上之后，半干未干的时候用小块硬木或磨石反复碾压，直至表面光洁，完成之后可以历久不损。这一层连料带工都很贵，所以乡谚说："一碗猪肉换一碗三合土。"[①]在福安的邻县寿宁，有些房屋的夯土墙全面覆盖这样一层表层。

第五，大概是前堂里已经没有了家具和陈设的关系，我们走进一幢

① 关于福建的夯土技术，请参见黄汉民著《客家土楼民居》，福州，福建教育出版社，1995；亦可参考林嘉书著《土楼与中国传统文化》，上海，上海人民出版社，1995。

幢的大宅，看到高高的檐廊和空落落的厅堂，常常觉得有点衰败，有点枯寂。能够减弱我们这种心情的，是那些精美的窗子和门，是它们的格心棂子图案和华板雕刻。

精美的窗子和门都在前天井周边和前堂里，也就是进住宅的人首先看到的地方。作为礼制中心的前堂与前天井构成一个完整的空间，这里是全宅的艺术中心，精雕细刻的门窗都环绕着它。最华丽的窗子是正屋次间卧室的窗，在前檐廊里，一边一个。其次是前厢房和门厅两侧次间的窗，也是每间一个。最华丽的门是前檐廊两端梢间（即厦前间）的门，侧面朝向檐廊，与次间的窗挨近，成为一组。其次是厅内太师壁两侧的太平门。住宅内所有其他的门窗都很朴素。

次间卧室的窗是双扇菱花窗，窗扇之下还有通长的一块固定扇。窗扇分上下两部分，上面是天头华板，下面是格心。天头华板一般刻拐子龙、暗八仙、琴棋书画之类比较简单的浮雕。更引起我们兴趣的是刻字，每块上两个，少数刻四个。刻的字都很潇洒典雅，原刘彬住宅的两面窗子，四个窗扇的天头华板上分别刻着“春游芳草”“夏赏绿芍”“秋饮黄花”“冬吟白雪”四个字，下面是相应题材的雕花。

窗格心的构图变化很多，没有两家是同样的。我们在浙西、赣北、皖南工作的时候，也见到许多精美的菱花窗，但往往一村之内，式样变化不多。所以我们看到楼下村的菱花窗变化丰富，兴奋不已。不过它们有一点似乎是千篇一律的，那就是都有一个内框，内框与边框之间有很细巧的卡子花，大都是反复缠绕的植物形曲线，非常空透灵动。它们根部略粗，向梢部渐渐变细，有一种蓬蓬勃勃的生长势头。内框里是各种几何棂子图案或吉祥图案，如寿字、花瓶、五福（蝠）捧寿等等。有许多窗扇在棂子图案中央设一个“开光”，做复杂的多层雕刻，题材大多是人物故事。多层雕刻的做法是，先把各层分别雕在几块木块上，每层都是透雕，然后把它们重叠在一起，就构成了多层雕刻。

下面的横向固定扇的雕刻最复杂、最华丽、最细巧。通常也用卡子花和内框，内框里雕人物故事或花鸟，刻画非常生动，传神而且传情。

也有一些做三个开光内框，中央一个长一点，左右各一个近于正方形，也都雕人物或花鸟。

厢房的窗子一般是不能开启的。其整体构图与正房次间的窗子相仿，不过各方面都比较简单一些。在楼下村东头，靠近南山村的平地上有刘姓地房的一对大型住宅，因为一模一样，我们总爱叫它们“双胞胎”。其中的一幢，在门厅两侧和两厢的窗扇的天头华板上雕刻着字，分别是“慎言敏事”“居仁由义”“克勤克俭”“有典有则”，概括了儒家的全部伦理思想。下面刻的则是和这四句相应的典型的人物故事。从这些雕刻可以看出，进行装饰时，仍不忘教化的功能。

正房梢间（厦前间）的菱花槅扇门，除了下半截的裙板外，上部的构图的题材与次间的窗扇相似，不过在格心下多一块束腰华板。在刘姓天房祖屋前面的一幢大宅里，这一对门的构图比较别致，其内框中央的“开光”是“秋叶”形的，镶到斜角的“万字不到头”的底子上去，叶子里面雕着一首诗。左边的两扇，有一扇比较完整，只缺了一个字，雕七绝诗一首，是：

> 八面玲珑脱俗缘，襟怀别具一洞天。
> 怡情共学□（谢？）公赋，把酒当风志圣贤。

下款为“琼林”，且有印章一枚。旁边的一扇只剩一半字：

> 一轮金镜照中堂，□□□棂得月光。
> □□□□□□处，好攀□□神仙□。

下款没有了，印章还在。[①]它们对面，也就是右边的两扇，格心已经完全损坏，钉着一块绿色的塑料窗纱。

门扇束腰华板上都刻多层的人物花鸟。

① 2006年4月，我们再度到楼下村，这两扇雕花已经全部被破坏。

天头雕拐子龙或刻字，有一家的菱花门扇上分别刻四个篆字，是“四壁和风”“半帘斜雨”，非常脱俗。

太师壁两侧的太平门，通常比较简单。格心没有内框和卡子花，棂子多直线，中央一般没有开光，天头华板和束腰华板也多作简单的拐子龙，刻字的也有。耳门都是素板的，有些作双扇折叠式，一扇宽，一扇窄。

初见时的兴奋过去之后，门窗槅扇越精美，我们的遗憾也越强烈。已经没有一扇门、一扇窗是完整无缺的了。有不少是严重损坏，有少数一无所剩。并没有丝毫难以保存它们的理由，唯一的理由是愚昧和粗野。村里的男女老少，对这些珍贵的艺术品竟没有一点爱惜。由村长的哥哥刘柏生住着的原地房祖屋，门窗的雕刻特别细致，特别生动传神，构图别出心裁。我们每次从门前经过，都忍不住要进去欣赏一番。看我们这般喜欢，有一天刘柏生对我们说，老辈人一生有三件大事：结婚、生子、起屋。他们的辛苦劳作、俭约生活，都为了这三件大事。造屋的事，最费工的是雕刻门窗扇，把雕匠师父请到家里来，一般是三位，一住三五年，好吃好喝地招待着，不敢怠慢，这才能有出色漂亮的作品。这样的话我们早先在别处听过许多次，但是，别处也和楼下村一样，为什么子孙们竟对它们那样冷漠甚至粗暴，不懂得珍惜呢？在各地农村，已经由大红大绿的塑料制品代替了手工的木制品或陶瓷制品，虽然艺术品位丧失殆尽，但塑料制品廉价、轻便，毕竟还有一点好处。那门窗槅扇，至少并没有妨碍什么，也没有用别的东西去替代它们，如玻璃窗之类。它们的被损坏是为了什么？我们在乡土建筑的考察中，所见的文明退化现象太多又太放肆了，虽然电视机已经普及，高跟鞋也踏上了林莽中的石子山路，喀喀地响。

楼下村住宅里有一种很别致的窗子，用在后檐廊的次间，即檐柱之间的槛墙上。这是一种直棂窗，棂子的宽度和棂间净空的宽度相等。巧妙之处是它有里外完全相同的两扇，外扇固定，内扇可以左右移动一格。所以，内扇的棂子既可以与外扇的重合，这时窗子透明度就比较大；也可以与外扇的空隙重合，这时窗子就不透明，但仍可以透一点风。内扇也可以停留在两个位置之间，透明度因此便可以调节。这种窗子有一个极为古怪的名字，叫“鲎叶窗”。鲎是海中的节肢动物，扁平，背上有一块硬甲，拖一根长长的剑一样的尾巴。它和这窗子有什么关系呢？我们实在弄不明白，认为言语不通，肯定是听错了。不料回来之后查光绪《福安县志》，却得到了一个十分有趣的解答。《福安县志》卷七“物产”说：

> 鲎，介而中折，《山海经》注，鲎鱼形如惠文冠，青黑色，十二足，长五六寸。雌常负雄，渔子取之，必得其双。《本草》云，牝牡相随，牝者背生有目，牡者无目。牡得牝始行，牝去牡死。……其相负乘也，虽风涛终不解，谓之鲎媚。过海辄相负于背，高尺余，乘风游行如帆，谓之鲎帆。

这种“鲎叶窗”，可以看作是雌雄相负成双的窗。像“虾蛄墙”一样，这是滨海乡民“譬诸于物”所起的名字，乡土味很浓。也许它还暗喻生死不渝的爱情，因为即使在封建家长制之下，家庭也是需要爱情的。

也有一种很别致的门扇。它分上下两截，上半截双扇，下半截也双扇，一共四扇。平时可以只关闭下半截，则上半门洞可以采光通风，必要时上下全关闭。我们没有问到这种门扇的专名，它们仿佛只用于饭厅朝后天井的门上。我们只见到一例用于前厢的明间。

住宅的院门在大门外侧多有半截门扇，白昼关闭。所以石库门的两侧石条上一米多高处有一个向前凸出大约15厘米的轴椀，容矮门扇门轴的上端，下端的轴椀则紧贴地面。为了做这两个轴椀，石条的坯料要比完成后的石条粗大得多，加工量也很大，这做法实在不大聪明。

我们参观过楼下村附近的一些村子，都有鲎叶窗、半截门和四扇门等等。限于我们的工作条件，我们不能勾画出它们的流行范围。

第六，大型住宅也有少数的变体。例如，有两座大宅，其中一幢为今王炳忠宅，前堂不作前后坡的顶（“重栋”）而作平顶，与三楼的楼面平齐。这样，三楼就比较宽敞，二层谷仓的位置也比较自由。

有一幢今刘祖清的住宅，介于大型住宅与中型之间。由于地形前后比较短，所以没有前厢，后厢也只有一间，在饭厅里设灶兼作厨房。总的进深也小。为了补充失去的空间，就横向扩充而成为七开间。仍有厦间。二楼的谷仓比较分散，有两间很大，因此晾谷场就不完整而多曲折。王炳忠宅也是向两侧发展，每侧多出两道厦间。

中型的住宅大多为王姓所有，五开间，主体布局方式与大型的差不多，一样的轴线对称，以厅堂为中心，有前后堂，不过尺寸都明显缩小，没有前厢，左右也局促。但中型住宅中有几个前后堂前都有一排菱花槅扇门，可以将前后堂关闭。这或许是因为没有厢房，厦间也零乱，所以要把前后堂作起居间使用。

小型住宅只有很老的三幢，分别属刘、王、陈三家，都是老祖屋。它们都是三开间，不分开前后堂，次间向前凸出，在明间厅堂前形成一个檐廊。商业街的西头路南，有今王富忠的一幢住宅，三层，利用地形高差，入口设在二层。一进门，有个采光天井照明底层的后部。这座住宅的山墙很特别，在前坡作了一个弯曲。

近年新建的砖瓦房也都采用传统形制，有前后堂、前后天井，两层，但都是小型的，只有三开间，每幢的造价大约两三万元。

七

前堂是住宅的礼仪中心，宽大、高敞，主要用于祭祀。
保留着条几、香案和八仙桌三件旧家具。
刘姓住宅太师壁上多挂关羽画像和绣像，
每年除夕卸下，供奉祖宗木主，正月十五重新挂上。

住宅里最堂皇的部分是前堂，又宽大，又高敞，正对着大门，控制着前天井。两厢陪衬着它，檐廊增添了它的轩昂，又有精雕细刻的门窗作点缀，是住宅的艺术中心。可惜，就我们所见，没有一家例外，前堂都是空空荡荡的，往日豪华的家具陈设大都没有了。不见有人在前厅逗留，孩子也不在那里玩，冷冷清清，只在夯土地上晾着一层新收的谷子。前堂作为住宅的礼仪中心，太庄重了，没有人情味，所以脱离了人们日常的生活。

但是，所有人家，太师壁前都还保留着三件成套的旧家具。一件是长长的条几（大约长215厘米，宽45厘米，高138厘米），两端小柜都有雕刻十分精致的面板；一件是香案（大约长130厘米，宽45厘米，高100厘米）；还有一件是八仙桌。香案比条几短，也矮一点，可以塞到条几下面，八仙桌可以塞到香案下面，但比香案宽，形成一层台阶。这三件家具的保留，标志着前堂还保持着它的基本作用，太师壁还保持着它的地位，人们的心里也还保持着一部分古老的传统。

作为住宅礼仪中心的前堂，它的主要作用是祭祀。

楼下刘氏宗族是苏江（苏垟）刘氏宗族的分支，称始祖刘皈是“汉中山靖王之后”（见《始祖十九公墓志铭》），更直接地说，是比附为刘备的后裔。所以，楼下村刘姓住宅里，太师壁上都挂关羽的画像或者绣像。关羽被历代皇帝加封了许多“伟大的”称号，到清代竟成了“忠义神武灵祐仁勇威显护国保民精诚绥靖翊赞宣德关圣大帝”，道教又把他奉为“伏魔大帝”，在全国普遍受人崇奉，何况他又是刘备的义弟，对刘备无限忠诚，刘氏后人崇奉他总觉得比较靠得住。现在画像大都已经没有，或者只残剩一些痕迹。我们寄食的人家的右侧，高坎上有一幢大宅，主人外出打工去了，天天紧锁双扉。有一天，打听到一位老人家有它的钥匙，请来开了门，房子虽然不见特别，太师壁上的一大幅关羽像却还相当完整，神态庄严，气度非凡。两侧有对联：“汉朝忠义无双士；千古英雄第一人。”在另一家，太师壁上还挂着一幅绣像，破损已经很厉害，勉强看得出一些片断。虽然如此，对关羽的崇拜一直传承到现在。刘氏宗祠右侧墙外有一幢新造的红砖房，居然在厅堂太师壁上有一幅瓷砖的关羽像，两侧瓷砖的对联是：“心存社稷三分国；志在春秋一部书。”

每年到除夕，卸下关羽画像，在条几上供祖宗木主。香案上放香炉、烛台，八仙桌则上供品，三牲、十六盘。到正月十五，再重挂关羽像。[①]

在太师壁的两侧，腋门上方，相当于二楼楼面的高处，各有一个雕饰十分华丽的神厨，木制，下有台基式的托盘，沿边设栏杆，上有华盖，左右有菱花槅扇和幔帐，前后几层。形式变化很多，有的很复杂，没有重样。太师壁左侧的，供奉一切神佛仙灵，右侧的供奉高、曾、祖、考四代近祖。神厨的华盖中央有匾，分别刻字，点明了它们的区别。供神佛仙灵的匾上题“如在”“灵爽”“昭事”“匡敕”“敬

① 祭祀时，只有身份很高的官宦人家才挂祖先遗容，楼下村没有这样人家。

恭”“神灵不昧”“敬恭明神”“监观有赫”等。供历代祖先的匾上题“恩格”“恩勤”“燕贻”“芯芬”“妥侑”“祖训攸行”“昭格烈祖”“垂裕绵长”等。神厨里本来有雕龙神牌，朱漆描金，“文化大革命”中一扫而光。现在都只贴一张红纸，上面写几个字，潦潦草草，而且不大通顺。我们在今刘昌华宅中见到两张写得详细认真的纸。左边神佛仙灵的神厨里写的是：

神乃圣乃
左招财童子
锡福
杉洋感应林公忠平侯王
敕封仁勇关圣帝君
敕封杭州府风火院田公元帅
太上三元三品三官大帝
南无救苦救难灵感观世音菩萨
敕封护国太后三位三君
敕封五显灵官大帝
汉护国丞相博禄侯
龙虎山张天师座前
降祥
右进宝郎君

右边历代祖宗的神厨写的是：

上堂山中
嗣考氏孺人
显祖氏孺人
曾祖恩八公氏孺人

住宅山墙（李玉祥 摄）

高祖寿四公妣陈氏孺人
历代前贤远近宗亲诸大人
迁基祖杰一公妣陈郑氏孺人
曾祖迭一公妣翁吴氏孺人
嗣祖乌四公氏孺人
显考氏孺人
故胞兄氏孺人

刘承贵家的两个神厨里只各有一副对联。左边是："金炉不断千年火；玉盏长明万寿灯。"右边是："祖宗仁裔流源远；子孙贤孝世泽长。"右联"裔"字或是"义"字之误。

神厨背后有小门，可以从二楼去打开，烧香点烛。不过，现在的神厨里既没有千年火也没有万寿灯，连烛台香炉都没有。有些放个缺口碗，有些放只破嘴瓶，初一、十五插上几炷香。

虽然受到冷落，蛛网和尘埃没有能完全埋没它们。朱红、宝蓝、石绿这些明快的颜色和闪闪发亮的贴金，还是在阴暗的角落里光彩夺目。我们禁不住，不但摄了影，还兴致勃勃地又测量、又拓印，不管高处操作很困难、十分吃力。

和敬神祭祖有点联系，在厅堂里举行的礼仪活动有婚丧寿庆等等。现在这些礼仪都很简单，我们见到刘立权家嫁女，只在供桌上设香炉烛台，点烛烧香，前堂不过用来展示嫁妆而已。到了吉时，鞭炮一响，新娘在堂前很灵巧地一弯腰上了喜轿，抬起就走，翻山嫁到松萝村去了。亲友则纷纷帮忙把嫁妆抱到小面包车里，由车子送到新郎家。新郎没有来，由他的弟弟来接喜轿，跟着走回去。光绪《福安县志》记载，婚礼"不行亲迎……虽贫家亦以肩舆"。看来还是古风犹存。

能完整地叙述传统婚礼的人已经没有。比较一致的说法是，娶亲时，乐队的吹鼓手在前檐廊两边，前堂里设供。条几正中供祖宗神主，左右放花盆；香案正中前部放香炉，后部放斗灯，左右有大红烛；八仙桌上放三牲祭品和菜肴八盆、酒六杯、茶两杯、果盘一个。①新娘到来，在堂上拜天地翁姑。比较引起我们兴趣的是关于"斗灯"的事。"斗灯"是辟邪用的，它的组成很复杂，取日常使用的粮斗，外面糊上红纸。斗里装上一半米，沿四周边插十双红筷子，沿筷子上部围一圈红纸，但在前面留一个空隙。与红纸空隙相对，靠后边立镜子一面。斗的右侧贴边置药戥子一个，左侧置尺一支。斗的中央放一盏油灯，油灯左右各放一枚红鸡蛋和一朵花。"斗灯"放在香案上，位于香炉之后，居中，以红纸空隙正对大门，也便是镜子正照大门。新人拜完天地尊长之后，由一位全福老人和新娘一起，把"斗灯"捧进洞房。另有两人把喜烛送进去。嫁女儿家，供桌、香案等一样，但女儿出门时，要把"斗灯"掉转来，空隙朝后，为的是不让女儿把风水带走。除了"斗灯"，

① 新年祭祖时的供品与此相同。

迎亲之家另一件必备的是火钵，放在香案之下，寓意“香火”不绝。

我们在村里挨家挨户进进出出，看到许多大宅前堂的柱子上和房门两侧，都有红纸写的结婚喜联。有些已经陈旧，快要褪尽艳红。一打听，孩子都已经学步了。凡有喜联的人家，前堂上空必有两条对角线交叉的铁丝，上面挂着些五颜六色的纸条。我们照相的时候，嫌它们碍事，都用竹竿挑开。回来一看，一张带纸花璎珞的照片也没有，又觉得遗憾。长期保留喜联和璎珞或许是一种习俗，它确实给有点凝重的前厅带来一份色彩、一份温馨。

送终送葬的程序比较复杂。人死之后，暂时陈尸在后堂的左侧，以脚朝前。同时把棺木放在后堂的左侧，以头朝前。人无论死在哪个房间里，往后堂抬的时候，都不得经过前堂，而要在两侧绕过去，或者从房间里穿过去。三天后入殓，入殓之后，儿子要在棺木边“坐草”49天，就是在棺木边铺一层稻草，日夜坐在上面，来了客人便号哭。前堂设供桌。到择定的下葬日子，棺木从太师壁右侧的“太平门”抬出。“太平门”只在抬棺木的时候开，左侧的抬进棺木，右侧抬出棺木。我们工作期间，有一家死了老人，刚刚入殓，棺木还在后堂，旁边靠墙竖着一堆“哭丧棒”，四五十厘米长的树枝，裹着白纸，再缠上一根窄窄的红纸条，呈螺旋状。“坐草”的事是已经没有了，前堂的供桌也没有摆，因为死者一家占有大宅的右半，所以在条几的右端立一个镜框，里面置死者的遗容。镜框前放一只碗，碗里装半碗米用来插香，但香早已燃完，只有一把紫红色的细细香棒。香插的两侧本来应该有一对白烛，也从简不设了。镜框旁边有一堆白纸做的“蟒带”，和哭丧棒一样，是出殡时用的。

我们没有等到这家出殡，只好向人打听出殡的程序。其中引起我们兴趣的，与新妇进门的一个仪式细节有类似的含义。送父母上山，每个儿子挑一副担子，一头的箩筐里装个“斗灯”，一头装个火钵。在墓穴将要封闭时，从最后一块龙门砖的空隙里引出放在穴中的蜡烛的火来，点燃斗灯和钵里的炭。挑回来，斗灯放在前堂供桌上的香炉后，火钵放在供桌下，把炒过的盐撒在火钵上，哔哔叭叭炸出声来。这个程序的意义就是承传香火。[①]在封建家长制度下，家族的繁衍是头等大事，所谓“上事宗庙，下继后世”。

光绪《福安县志》卷十五“风俗”说：“士大夫之家，遇丧事亦必成服虞祭，第不能纯任《家礼》（按：指《朱子家礼》），来免浮屠经忏之惑。及葬，崇信堪舆，择地卜吉，每至岁月迁延，始营抔土。富者务侈，伐石筑灰，一坟重费数石金，故中人之产，多不能举。”现在的丧葬比那时候简单多了，但“择地卜吉”和“伐石筑灰”还在继续做。南山村的寻龙先生郑成祥的主要营生就是为阴宅找风水地，每次收费300元。据说有些人家到外村找更有名气的寻龙先生，一次择地要1000元左右。我们住的狮峰寺两侧，现在已经新坟累累，都是石筑的，每座占地都在10平方米以上。楼下村村民委员会办公室的门道里，有一位五十来岁的人，是村老人会会长刘汝仪的弟弟，从早到晚坐着刻墓碑，每个字三块钱，业务兴隆，墙角里推着一大堆石板。

有一天早晨，我们刚刚走到刘氏宗祠前面，一位老人迎上来气呼呼地对我们嚷了许多话，我们一句也听不懂，莫名其妙。幸好一位小学生翻译，才知道，原来头天我们在宗祠里测量的时候，打开了享堂边小院的门，老人养的鸡跑了出来，吃了拌过老鼠药的谷子，死掉了四只。我们当即答应赔偿，他要了60元，我们没有含糊，马上给了。第二天，老人家大约觉得过意不去，再三要带我们到他家去看看。我们去了，老人兴高采烈，忙乎了一阵，在厅堂前檐挂了一幅大红幔帐，上面绣字“德宜是福”，八仙桌前围了大红缎帏，绣字“世代昌隆”。太师壁上则是红

① 凡度、量、衡器，在中国传统文化中均有神圣的意义，象征公正、明察。升、斗均可为容器，但升太小，且无梁，而斗之大小合适，且有提梁，故于婚丧等礼仪中使用。尺、秤与镜、筛组合，作为辟邪的法物，通常悬于新落成的房屋大门上方，新娘喜轿前檐也悬挂。筛喻“千只眼”，镜喻“照妖镜”，也都是明察鬼妖，使之无所遁形之意。

缎幛子，边上绣着八仙和“百子千孙”。老人不久前庆祝七十大寿，这些都是女婿送的，价值两三千元。幛子正中缝一块白绸子，用毛笔写着寿序，落款是他的女婿，一位大学的硕士研究生。寿幛边，太师壁上还贴着一张印刷的外国影星的大照片，半裸的，搔首弄姿，一身媚态，看来已经贴了好几年了，做寿的时候都没有舍得撕掉。当地习惯，凡过寿辰，寿序都应由女婿送，没有女婿的则由外甥送。我们请老人坐在八仙桌旁，给他照了一张喜气洋洋的相。

照完了相，老人招呼我们跟他走。下了一道坡，来到我们很熟的一家，男主人早已没了，女主人叫郭金枝。老人对她说了几句话，郭金枝就带我们上二楼，打开紧靠前堂上空背后的一间仓房。我们定睛往暗中一看，原来是几扇围屏。赶紧搬到楼下前堂，那真叫精彩，朱红金漆，衬以墨绿底子，既富丽又沉稳。每一扇都镶着大小几幅雕刻，构图紧凑，人物生动，是典型的福建屏风精品。但它们显然不足一整套。老人又叫我们跟他走，这回是上了两道坡，进了一家大宅。他又对主人说了一番，主人也带我们上二楼，搬了几扇围屏下来，放在后天井里。这几扇加上郭金枝家的几扇，是完整的一套，当地叫“全围”。围屏共18扇：8扇大的，有4幅刻对联，有4幅雕花鸟人物；10扇小的，中央8扇雕一篇寿序，上下还都有雕刻，另2扇是素的，分在左右。这种围屏叫寿屏。祝寿的时候，10扇小的立在条几上，8扇大的落地，每边各立4扇，并且每扇之间可以用搭扣相连。大扇宽26厘米，高260厘米，小扇宽20厘米，高160厘米。围屏式的寿序比起在绸子上的墨书来，那可是辉煌得太多了。据说旧时几乎家家都有，婚事、丧事等也用围屏，并不稀奇。“文化大革命”时期，全都烧掉了，这一套在20世纪50年代初土地改革时分给了这两家，他们“成分好”，才敢冒着极大风险埋在地下保存下来，碰巧是同一套。

这篇寿序，墨绿底子，阳刻贴金。每扇5行，每行16个字，正楷。题目是《恭祝大懿范刘母族叔祖母陈孺人七十荣寿序》，下款为“岁贡士原任延平府沙县儒学训导甲科乡试钦赐举人礼部会试钦赐国子监学正夫族孙尔臻顿首拜撰”。时间是道光元年（1821）正月元旦，已经有175年历史了。[①]

后来在今刘荣玉住宅，我们又见到全村仅存的一副木板浅刻对联：“阃德足延龄星纪八旬辉北极；馆甥娱舞彩云联四代颂南台。”上款“刘府岳母张孺人八十荣寿大庆”，下款“婿郭之藩率男外孙……同顿首拜祝”。这又是女婿给岳母祝寿用的。中年以上的乡人们大多记得，“文化大革命”之前，家家前堂都有几副木板楹联。

和木板楹联一样，过去家家前堂太师壁上方都有一块大匾。现在在全村我们只找到八块，却都是为祝寿赠的。其中一块被当作门板，挡在一幢住宅二楼后面的簟坪上。恰恰这块匾又是女婿送给岳父的，匾上四个字是“杖乡硕德”，上款“清恩贡刘翁伯虞岳父大人六秩荣庆”，下款“愚女婿吴玉璋率男……”，时间是民国十四年（1925）元月。另外几块都是有身份地位的人送的，而不是女婿送的。一块在今王介生宅，四个字是“萱草长荣”，款识是“丁丑科进士现任延平府都间府通家侄生林登瀛为王门寿母彭孺人九旬立”，时间在光绪二十二年（1896）丙申正月元旦。还有一块在今刘承贵宅，寿翁是承贵的太公刘绅庭，六十花甲，送匾的是张如翰，丙子科举人，诰受（“受”字疑有误）奉政大夫，任福宁中学监督。匾上四个大字是“杖年乡望”。这位绅庭先生曾为太学生，后来经商，匾上款识说他“立身质直，秉性刚方”，“急公好义，久著乡林”。比较早的一块匾是今王菊容家的，立于同治元年（1862），题“抱德炀和”。这块匾的款识很有意思：“钦命兵部左侍郎提督福建全省学院加十级随带加五级纪录十次徐树铭为老民王步陆六旬立。”一个大官僚竟为一个没有任何头衔身份的“老民”立了一块匾，不知是为什么。[②]

这些匾，宝蓝底子，鎏金大字，走龙镶边，在前堂很有装饰性，是

① 2006年4月，我们重访楼下村，被告知这副寿屏已经被“偷走”了。

② 古礼，六十岁始行祝寿，以后逢十晋寿。今存之匾，多为六十祝寿者，故多用“杖乡”“花甲”等词。其余仅九十者一例。据此推测，或者乡俗仅为六十者悬匾，以其为一甲子也，或者大多寿不及七十。但寿联有颂七十、八十者。

造成前堂庄严气氛的重要因素。立匾都因祝寿，寿考意味着健康，因此这些匾可以看作乡人们历来对健康的渴望和仰慕。而老人的健康，意味着家长制家庭的稳定祥和，所以，这些匾的社会意义是维护封建的家长制度。

现在庆寿已经没有了这种排场，就像结婚一样，在前堂贴些红纸对联，而且任其褪尽朱颜，并不除去。所以在不少人家，可以见到满堂的残联，内容都是陈词，很俗滥。

为加强封建家长制的凝聚力，刘氏宗祠所采取的许多措施之一，是在阴历除夕前的最后一个黄道吉日，给各家送喜报，内容是各家过去一年之内的可贺之事。喜报写在大约40厘米宽、90厘米长的红纸上，派人吹着唢呐、敲锣打钹送到各家。因为可报的喜事十分广泛，从生儿到葬亲，所以几乎家家可以得到几张。得到之后，张贴在前堂左右“对树花”的下面，飘飘扬扬，保留一年，给前堂渲染出一股喜气。我们抄录了一些新近的喜报，如：“恭祝瑞华君得男，天赐麟儿，族众首贺。”“恭贺丽芳添女之庆，掌上明珠，福首同庆。”又如“刘国星君成人有德，红日初升，鹏程万里”[①]，“兴君弱冠，木兰英姿”，“丹女士及笄，文武双全”，“刘剑仁君荣升大学，金花插顶”，“刘登经、郑雪容结婚之喜，鸾凤和鸣”，“成光翁八秩荣寿，鹤发童颜”，“刘松国弟兄奉显妣荣葬佳城”，等等。这个送喜报的举措是老传统，祠堂里的“总理”和“理事”们恪守他们的责任，维护着宗族的和睦团结。

除了纯粹仪典性的活动外，前堂也有些日常的活动，都是比较隆重的，主要是接待贵宾。一般的亲友在厦厅接待，比较重要的或特殊的则在前堂接待。因此，前堂陈设着太师椅、靠背椅和茶几。现在都还陈设着。我们在郭金枝家楼上还看到有些靠背椅和茶几胡乱堆放着，材料和做工都很讲究。

既然接待宾客，前堂便须有比较轻松的装饰，调剂一下过于肃穆庄

① 村中至今尚有十六岁成年的庆典，尚存古风。

重的气氛，这便是两侧板壁上挂的字画。这些字画现在一张都没有了，我们也没有能打听到谁家还庋藏着一两张。不过，在所有的前堂，侧面板壁上都有用来卡住压画条的小木件。它的位置略高于扶手椅背，大约16厘米长、8厘米宽，透雕作松竹梅、折枝花、瓶花、鱼鸟等等。每个柱间有一对这种小木件，它们上沿有个卡口，把木质的压画条卡上，便能压住挂在壁上的字画的下部，使它们不致摆动。太师壁上也有一对，更大一些，更华丽一些。板壁是清水的，浅褐色，而这些小木件是朱红贴金的，点缀得前堂素雅而不失高贵。现在，家家厅堂上都挂些电影明星的大照片，尤其多赤胳膊露腿的。据说每年年初，有小贩在城市里低价收购前一年的月历，拿到乡下来卖，农户多买来张贴。也有不少是专为张贴而印刷的，更加赤露。大概因为农民习于劳作，所以比城市居民更能欣赏人体的美。

前堂的前金柱间、金柱间和檐柱间的横梁上都有两个挂钩，在各种庆典或礼仪时悬挂大红灯笼或者宫灯，使前堂更加华贵辉煌。

前堂里，不论是婚丧寿庆的仪典，还是关公像、大匾、对联、书画、喜报，无一不在宣扬传统的纲常伦理。前堂是封建教化中心，它把忠义、孝悌、“立身质直”“急公好义”这类道德价值标准传给后代，也同样会在书画楹联之中把“耕读传家”“勤俭淡泊”一类的生活方式传给后代。

八

唐朝时福安出了福建第一位进士薛令之，
因此楼下刘氏历来重视子弟读书和科举仕进，
体现在住宅各处的诗、文、联、画等装饰上，
使住宅以至整个村落都笼罩在文学化的耕读文化氛围中。

福建省山多田少人稠，自唐宋以降，人们从科举寻求出路。宋代曾巩在《送缪帐干解任诣诠改秩序》里说："居今之人，自农转而为士……惟闽为多。闽地偏，不足以衣食之也。"《宋史·地理志》载："闽人多向学，喜讲诵，好为文辞，登科第者尤多。"宋、元、明、清各朝，福建人科举成绩都居全国前列，两宋有进士五千多名。福安县的举业在福建省中比较落后，但文风并不稍差。光绪《福安县志》卷十五"风俗"说："扆为朱子讲学之地，圣贤所过则化，故士多知读书求道，弦诵之声不独朱门也，即白屋绳枢，亦往往不绝。明知县孟充诗：'醉踏甘棠桥上月，家家灯火夜攻书。'其风至今尤盛。"①

唐神龙二年（706）进士薛令之，是福建第一位进士。薛令之故里就在福安廉村，位于楼下村西北数十里。据光绪《福安县志》，福安县

① 扆即福安，以城南有扆山，故名。

屋脊与山墙悬鱼（李玉祥 摄）

中，衣冠以阳头、穆阳、苏阳、秦溪、廉溪、三塘为最盛。[①]苏阳（即苏垟）出过不少进士，明末进士、东阁大学士、兵部尚书刘中藻曾举兵抗清。楼下村刘氏来自苏垟，宗族重视子弟读书。《汉峰刘氏族谱》的“谱例”有一些激励举业的规定：“宗图中生员书庠生，增生、廪生书增生、廪生，监生书太学生，其名皆用朱。……至岁贡、例贡及科甲以上仕宦，名字用朱，使有分别，以劝后学。”我们在天房、地房的宗图里看到，连民国以后的小学毕业生名字都用朱。“谱例”里对子弟读书、延聘教师等详细规定了措施，例如：“于宗祠竣事外，公银存积，设立义学。小子一馆，请善教者为师；成才一馆，请学力者为师。束脯随时斟酌。为师者果能严课子弟，成才后应于义学中设立碑石。此乃养育人才之道，有志者须当图之。”“族中子弟读书，每年必于四季之末命子弟俱到祖祠中考较，如府县试一般。……文佳者为之取录登榜，品第甲乙，未佳者不录。凡上榜者均有赏……其先生亦有赏。以上所赏，

① 以上地名中“阳”均应为“垟”。

俱系蒸尝所出。”上了榜的，师生一起在特设的荣誉席上吃酒席。但是，或许是因为我们所怀疑的迁基祖刘秉友的经历和后来的鸦片种植，楼下村刘氏在科举上没有什么大成就，最高不过贡生、邑庠生、太学生等等。最足以光耀门第的大匾是“恩贡”，现在刘圣宝住宅的大门上就曾挂过一块，在“文化大革命”时期烧掉了。

尽管如此，我们在楼下村还是感到了千余年来普及于全国农村的耕读传统的力量。这文化固然有读书进仕、求取功名利禄的一面，也有淡泊名利、欣喜于田园山水之乐的隐逸一面和修心养性、陶冶情操、追求人格完善的一面。它们本是士大夫占主流地位的雅言文化的各种形态，却在荒僻的农村里产生着强大的影响。农村里的所谓耕读文化，其实仍然是这种雅言文化。“耕”是在农言农，“读”是一种价值取向。

往事悠悠，我们已经不可能实际体会当年楼下村的耕读文化，我们所见到的仅仅是它的一种残迹。这残迹经过几十年来反反复复的社会动荡，依然在住宅中，也就是乡民们的物质生活环境中，历历可见，散发出浓郁的书香气。

风水之说固然是迷信，但是从风水中可以看出人们的价值追求。楼下村以前笔架山（马上山）为朝山，以后笔架山为祖山，并为两重案山起名为鲤屿和鸿雁山，就是着眼于科甲。鲤鱼跃龙门，向来象征金榜题名，鸿雁也寓意高举远飞。乡民传说，很早很早以前，鸿雁山脚下有一个深潭，潭里鸿雁联翩。寻龙先生建议楼下村陈氏在山顶上建宗祠，但要偏一点。陈氏贪心太重，宗祠建成后，又在正当顶立了一块碑。碑成之日，鸿雁飞走了，潭水干涸了。陈氏固然没有得到好处，也连累到了楼下村其他各姓。故事表达了村民们对科甲不利的深深的遗憾。

在村子的最低处，垟田边上有十余幢大宅和“双胞胎”大宅，院门的对联大多表现出寄予风水的希望和对文事的信心。例如：“此处文峰容架笔；吾家世业本传经。”题额为“保合太和”。“鲤屿祥辉昭户宇；笔峰爽气起人文。”题额为“云汉为章”。“槛外双峰相向立；门前两案若浮来。”题额为“传经世业”。“禄阁萃仙岩秀气；中山聚鲤屿祥光。”题额为“重照晨洽”。上面的题额是纲领性的，概括着人生最基本的追求。对联和题额都以砖线脚起边框，字有雕砖的，也有墨书的，写在赭红色的底子上。

对联的外侧，在高处又各有一个方形砖框，里面写诗，都是墨书。诗大多咏山水田园的隐逸之乐，比较冲淡，不像对联那样富有进取性。例如题“保合太和”那一家的诗：“郭南处士宅，门外罗群峰。胜概忽相引，春华今正浓。山厨竹里爨，野碓藤间舂。对酒云数片，掩篇花万重。岩泉嗟到晚，州县欲归慵。”全诗从左框写到右框，没有分开。

这座“保合太和”宅有个二门，门外横额题“淑气昭融”，对联是：“风月天高楼台地迥；云霞海晖梅柳江春。”门扇上贴斗方“人寿、年丰”。门内侧，也就是门屋里，二门的横额题“藜案重开”。多数住宅没有二门。

进了门，题咏集中的是前堂，多为匾和联。现在多已经失去，只见不少新近贴的红纸对联，不是结婚的便是做寿的，没有了那种文化性。

后天井的照壁也是一个诗、联、画的装饰重点。中央一般有一大幅壁画，多是松鹤同春、仙鹿衔芝、麻姑献寿之类传统的吉祥画，也有一家人家新画两只熊猫。壁画左右有对联，对联外侧，和大门一样，上角有两框诗。那座“保合太和”宅，后天井照壁的对联是：“至乐无声唯孝悌；太羹有味是诗书。”左侧的诗是：“少寒多暖不霜天，木叶长青花久妍。真调四时皆是夏，莲花度腊菊迎年。”右侧被一座乱七八糟搭的小棚子遮住了。也有些住宅，后照壁有横额和对联而无诗框。如：横额题“食德饮和”，对联为“忠厚唯耕心上田；和平自养性中天”。又如：横额“如坐春风”，对联为“修身岂为名传世；做事常思利及人”。这些都是直接的说教了。这个后照壁，不但用于教化，它的构图丰富，上有两端高高挑起的脊，旁有轮廓轻俏的山墙头，壁面色彩亮丽，绘画生动，给后堂部分增加了温馨的生活情趣。有些人家的后照壁上，用堆塑代替壁画，更加华丽，可惜如今多已残损。

左右的厦房前，当有旁廊庑作厢房时，便会分隔出小小的天井来。有的一个，正对着厦厅（书厅），有的两三个。它们每个都和后天井一样，有正对厦房的一面作照壁，照壁上绘画，题匾额，写对联和诗，形式更加自由活泼、富有变化，装饰性也更强。因为这些小天井和厦厅、厦房是真正日常生活的场所，希望更亲切安详，更有情趣。我们一一照了相，做了记录，真是美不胜收。例如，书厅里有联："菱荇鹅儿水；桑榆燕子梁。""盛世无饥馁；何须织耕忙。"天房祖屋后面隔街对一座地房的大宅，右边的两个厦天井里，照壁上有一块画卷式的粉壁，是一层薄薄的抹灰塑成的，分三折，中央题诗，两边作画。其中一个厦天井的照壁上，画的是一幅竹鹿、一幅松鹤，诗是："红花照座绿绕廊，孰把丹青衍草堂。夏日莫拘凉竹好，薰风时送晚荷香。"这座住宅左边的厦天井，照壁中央是一幅圆形的大画，画着松鹤，左右对联是："松风流水朝磨剑；竹月当窗夜读书。"又磨剑又读书，显示出抱负不凡的胸怀。

更有趣的是，一天早晨，村口卖油炸糕的老人刘进理拦住我们，哇哩哇啦说了许多话。我们听不懂，他一把拉住我们就走，上了半坡，进了一幢大宅，他单身住在这宅里的前厢。他叫来一个年轻人，写了一张条子问我们："可不可以给我和我的老牛一起照一张相片？"我们请他牵出他的老水牛，在前堂上照了相。老人很高兴，张开没有牙齿的嘴，笑个不停。我们看那张条子的字写得很有力，结体匀称，便夸奖了年轻人一番。不料他说，写字是他的家传。他把我们带到厦客厅，抬头一看，小天井对面照壁上，正中写着"结庐人境"四个大字，左右各有一个方框，里面写着一篇论书法的文章：

> 四□贰妙六草三真，或狸骨而虿尾，或凤起而蛟腾，或被中而画字，或钱上而写经。或谓铁门限，或号太湖精。蓬振沙惊之势，（以上左框）钗断屋漏之痕，春蚓秋蛇之致，金剪玉箸之文。龙蟠兮凤舞，鹰跂兮鸾惊。露摧兮风送，云郁兮蝉轻。重九五日

书于间邻左壁，学真。(以上右框）。

天房三十一世刘承祖［优廪生，生光绪壬午（1882），卒民国］是个小有声名的书法家，这房子或许是他的故居，但小青年弄不明白祖上的名讳。

这种联、文、诗、画不但遍布大门、二门、天井、前堂和门窗槅扇，甚至连家具上都常有长篇题咏。有一家前堂的条几，左右小柜面板上各阳刻一首很闲适、散淡的诗。左边的是：

长爱街西风景闲，到君居处便开颜。
清光门外一渠水，秋影墙头数点山。

右边的是：

疏种碧松过月明，多栽红芍待春还。
莫言堆案无余地，认得诗人在此间。

刘承贵（1935年生）家有一个旧的大书柜，暗红色，两扇柜门上金漆题铭。左边是：

积金先积德，丰典胜丰财。秘笈曹仓贮，奇文石室藏。精华罗宿海，声价重蓬莱。仙籍题名去，金莲御炬来。

下款“甲科”。
右边是：

孝友传家政，文章炳国华。奇才□摛藻，吉兆叶生花。绣口宜黄绢，锦心罩碧纱。挥毫光日月，落纸灿云霞。

下款“丁库”。

这些诗、文、联、画未必精湛，甚至未必通顺，更未必都切题，有不少仅仅是一种习惯性的陈词而已。立意高蹈的诗文，可能和主人的志趣品格毫不相干，我们并不想过高评价这些诗、文、联、画的教化作用。不过，整个一座大住宅，里里外外，都笼罩在文学化的文化气氛之中，以至于整个村落都笼罩在这种气氛之中，对青少年不可能毫无影响。证据之一是，当我们将要离村的时候，曾经以诗邀请过我们的刘圣宝先生，又写了一首赠别诗：

蒙君屈尊光门庭，得仰高贤慰生平。
不弃村夫见识浅，情切意深真知音。
伤躯无奈频相问，病榻抵足兄弟亲。
今朝惜别道珍重，须烦鸿雁传书勤。

这当然不是多么出色的诗篇，但是我们读到的时候，心里不禁涌出了那千古名句：“桃花潭水深千尺，不及汪伦送我情。”却惭愧自己诌不出一句诗来相答。

圣宝先生只有小学毕业，从20世纪50年代直至80年代中，因父亲含冤被枪毙而历尽苦难，从小失学。直到80年代中叶父亲平反昭雪成了革命烈士，他才摆脱厄运，并且当选为村民委员会调解委员，兼任会计。他的文化素养、他的一手漂亮的书法和他谦和的性格，恐怕和村子里浓厚的耕读传统不无关系。

楼下村至今仍然很重视教育。小学和初中的校舍是全村最漂亮的新房子，学龄儿童百分之百入学。街上有一家卖小杂货的铺子，看柜台的慧珍小姑娘也是初中毕业，正在准备考一所职业高中。每逢上学下学的时刻，村路上叽叽喳喳都是学生。一个有趣的现象是，低年级学生背书包，高年级学生则把书摞整齐，用双手抱在胸前，倒是的确很有风度。可惜我们一端起相机他们就跑。

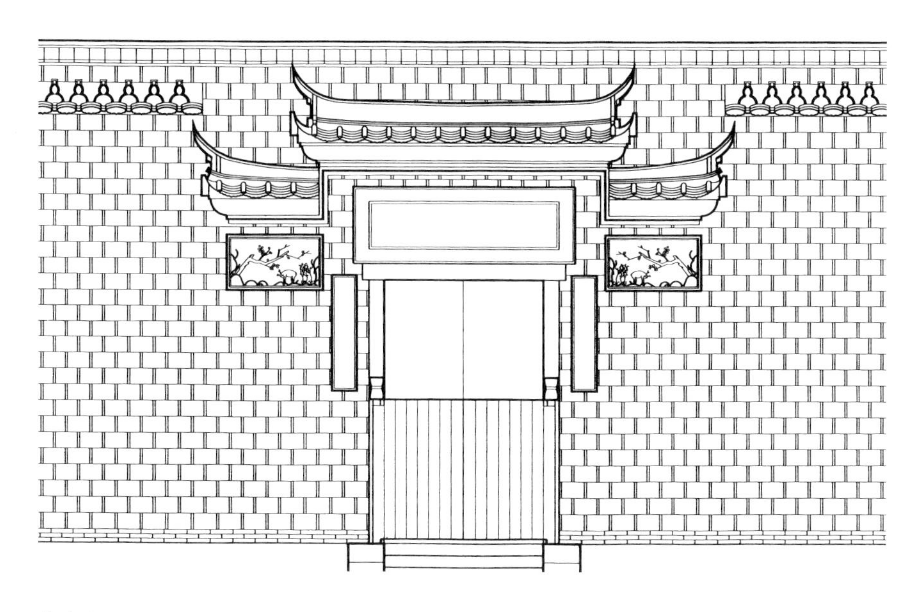

住宅立面

小学老师的宿舍也很不错，是石头砌的两层楼。我们傍晚回狮峰寺去，学校已经放学，经过老师宿舍，每次都可以见到门前石条上坐着些学生做作业。老师一手抱着婴儿，一手指指点点，辅导他们。宿舍门厅里也有两个学生，天天那时候坐在小板凳上埋头读书，显然受到一点优待。我们去看看他们，一位老师过来说，这是两位优秀的好学生，既聪明又勤奋用功。老师一脸的笑容，她从心底喜欢他们。

村里家家待人彬彬有礼。我们去调查、测量、拍照，都受到殷勤的接待，茶水不断，而且都由主妇用木盘托着送到手上。我们拓印雕花，弄脏了手，主人们不论老少，都会端来清水让我们洗干净了再走，不大好洗，便换了一盆又一盆，从来不嫌麻烦。

我们相信，那些诗、文、联、画，那些多少年来积累下来的待人接物的道德规范和“天泽涵濡”的生活哲理，在楼下村是滋润着人们心田的。

九

把生产劳作引进住宅，是楼下村建筑的一大特色，
这和妇女参加农业劳动、嫁妆丰厚，因而社会地位较高有关，
也是这里多建大型住宅，布局对称以便分家的一个缘由，
从公共建筑中宗祠少且多供奉女性神，也可得到证明。

到楼下村之前，我们在浙西、赣北和皖南工作过，那里的乡土建筑跟楼下村的很不一样，都是些很封闭的、内向性的天井式住宅。周围是高高的砖墙，没有窗子，里面只有一个中心，厅堂控制着全部空间。那种民居，跟农业生产劳动很少有什么关系，没有场院，谷仓虽然在楼上，楼梯却又窄又陡又黑暗，挑担上楼连转身都困难。我们曾经把它们叫作农村里的城市型住宅。同时，每个村落都有大大小小许多宗祠，从合族的到房派支派的直到香火堂，住宅围绕着房派的宗祠形成团块结构。

楼下村的民居则不同。它们比较开朗，前后左右都有天井或院子，天井也比较宽敞。主体部分的前后左右不但都有门窗，还有敞开的厅堂和书厅。房屋本身没有厚重封闭的砖墙，四面都是板壁，檐下的白粉壁衬托出裸露的木构架，很轻快。房屋虽然也有一个厅堂作为突出的中心，但后堂和左右厦房有明显的分立倾向。房屋与农业生产劳动的关系很密切，二楼、三楼是晾谷物和进行其他劳作的场所，楼梯的位置和构

造做法很便利挑重担上下。同时，楼下村只有刘氏、王氏各有一个宗祠，虽然房派早就分了，而且各有谱图。但在南山村，竟连一个宗祠都没有。楼下刘氏是从苏垟迁来的，我们专门到苏垟去考察，那个村子很大而且繁华，有3000多人口，紧靠着苏江（或称交溪、大溪），江边停着好几艘不小的轮船，大概是远洋渔轮。但是，那里却也只有两座祠堂。其他如柏柱垟口外的溪南、茜垟两村和薛令之故里廉村，也只各有两三座祠堂。

楼下村乡土建筑和浙西、赣北、皖南的明显差别引起了我们很大的兴趣。有差别就有问题，有问题就能使研究深入。可惜，我们在福建考察的范围太小、时间太短，而且村里已经没有真正了解过去生活的人。所以，我们不可能抓住这点差别一路追究下去。这很可惜，但我们没有办法，只能从一些蛛丝马迹试求找到一些可能的解释。

有一天，我们坐在养脚伤的圣宝先生的床头聊天，他的妻子给我们上茶，又端来荷包蛋。刚刚收拾完碗筷，不大一会儿，便听见二楼轰隆隆地响了起来。我们上楼一看，是她在摇风轮扬谷子。我们跟她谈论二楼晾谷，她说这很方便，做饭、洗衣、看孩子跟农忙收粮食可以同时进行，什么都不耽误。我们心里一动：二楼当晾谷场，也许就是为了便于妇女劳作。

我们问："这里妇女一向参加农事吗？"她说："是呀，什么农活都做。"我们又赞赏楼梯平缓宽阔，很方便向上挑谷子。她笑笑说："其实男人不需要这么平缓，这是为了裹小脚的妇女挑谷子。"我们赶紧问："过去裹小脚的妇女也能挑谷子吗？"她说："能的，挑得不少呢！"我们想起那天在一户王姓人家给92岁的小脚老太太照相，老太太正在扫院子，抡起大竹帚还很轻松。

我们工作过的浙西、赣北和皖南的农村，过去的小脚妇女是不参加挑谷子这类重体力劳动的。那里的乡村民居，好一点儿的大多是商人的家屋，他们的眷属主要靠商人们在外面赚钱养活，有点儿田地也多半是出租，楼上的谷仓储存的是佃户送来的粮食。商人们经济和文化上的优势，使适合于他们生活方式的住宅形制向外辐射，在附近的纯农业村落也成了主流。例如浙江省建德县的新叶村，虽然人们大多从事农业，民居却与十几里外以贩药为主业的诸葛村的基本一样。农业地区在文化上成为富裕的商业和手工业地区的附庸，这是常见的现象。

楼下村的妇女既然参加沉重的农业劳动，她们的社会地位应该比商人们纯寄生的眷属高，应该有比较大的行动自由，所受的拘束比较少。下得楼来，我们向圣宝先生探问，他果然说是如此："妇女要下田，你怎么能叫她不抛头露面？"我们曾经把浙西、赣北和皖南的内向封闭的小天井民居叫作"禁锢妇女的牢笼"，那么，楼下村住宅的比较开敞，是不是也与妇女的地位和有关的社会风气有点关系呢？

圣宝先生被我们引起了兴致，慢慢回忆道，楼下村妇女的境况比较好，也跟娘家丰厚的陪嫁有关系。他的伯祖父刘昌文（三十二世），结婚的时候，伯祖母的嫁妆有36抬，从家具到日用品，什么都有，几辈子也用不完。所以刘昌文虽然当过教书先生，却堕落到在家抽鸦片混日子，竟把家业败光，很早就死了。嫁妆丰厚是当地风俗，因为妇女在出嫁前便是家里重要的劳动者。但照封建宗法制度的老例，妇女不能参与继承遗产，所以父母就以厚嫁的方式给她一份财产，报偿她在娘家的劳作。楼下村有些人家后天井里有两口井，其中一口便是娘家打了送给女儿的，表示女儿连喝水都是自己的，不受夫家的气。

由于媳妇的地位比较高，所以过门之后，生了孩子，即便高堂双全，也要分家另过，独立门户。因此，为人父者就要多造几幢房子，给儿子分出去住。天房房祖刘向荣造了三幢大房子，他的三儿子刘观成，即圣宝先生现住房子的原主人，也造了三幢大房子，这六幢房子就是楼下村北缘垟田边最壮观的建筑群的主要部分。观成的三儿子作搏［道光庚子（1840）生，光绪庚子（1900）卒］分家迁居新屋时，只有三口人，住足有一千多平方米的一幢房子。所以，楼下村的住宅到现在也比较富余。同时，房子虽然大，却左右各成体系，连厨房、楼梯都有两套，很容易从中一分为二，成为两家。堂屋则依然两家合用。大住宅的这种形制，既便于分家，又有利于维持父子骨肉之亲、兄弟手足之情。所以，当地习惯，并不造中型或小型住宅。刘向荣和刘观成造的六幢大房子，不但都是紧邻，且在伙厢有侧门互相可通。地房的“双胞胎”住宅和村中央前后四幢成串的大宅，也都是出于这种考虑。

楼下村民居的一些特点，和浙西、赣北、皖南商人之家的民居的差别，似乎可以用妇女与男人同样从事农业劳动，因而社会地位比较高这个事实来解释了。虽然这不过是一个假设，还不能完全验证，尤其不能只从小小的一个楼下村本身来验证。要做出可信的结论，还需要更大范围的资料。但是，得到这个假设，已经使我们很高兴了。

那么，是不是可以把这个假设推论到公共建筑上去呢？譬如说，宗祠数量少，反映出宗族的力量比较弱，而宗族代表着男性中心的封建家长制。因此，宗族力量弱，可能是妇女社会地位比较高的一个后果。又譬如，在楼下村，“仙宫”的数量、形制和规模与刘氏宗祠相当，而南山村甚至只有“仙宫”，并无宗祠。在福建，“仙宫”供奉的各路神佛仙灵里，女神占着重要的地位，尤其是地方神中更以女性为主，即妈祖和临水夫人陈靖姑（即陈十四娘娘）[①]。

这当然是一个更难论证的假说，但推理好像不至于差得太远。

回到北京之后，我阅读了一些书籍，很高兴，有不少史料对我们的假设有利。

宋·何乔远《闽书》卷三十八“风俗”说：“妇人芒屩负担，与男子杂作。”

道光《福建通志》卷五十五“风俗”记福州府“人勤于治生，田则夫妇并作”。

清·彭光斗《闽琐记》：“闽妇最勤苦，乡间耕种、担粪、砍柴等事，悉妇女为之。单裙赤足，逾山过岭，三五成群。有头插花枝而足跣肩负者。”

---

① 我们在浙江省楠溪江中游工作的时候，见到岩头村有一座陈十四娘娘庙，当时弄不清陈十四娘娘是什么神，到福建后才知道。

以上说福建妇女从事农耕劳作。

宋·祝穆《方舆胜览》："市廛阡陌之间，女作登于男。"

宋·陈普《石堂先生遗集》卷十六《咏古田妇女》："插花作牙侩，城市称雄霸。梳头半列肆，笑语皆机诈。新奇弄浓妆，会合持物价。"

以上说福建妇女不但从事农作，而且在市场上做生意，很能干，甚至胜过男子。

关于厚嫁之风，有几则记载：

《海澄县志》："盗不过五女之门，以女能贫家也。"

《崇安县志》："生女数岁，母即筹办嫁资，其丈夫不以为非，有不吝千金者。"

厚嫁是母亲筹办的，可见女性在家庭中有相当权力，弄得家徒四壁，连盗贼都不想进门，也在所不惜。

清·徐松《宋会要辑稿·刑法二》"政和二年五月"条说："伏见福建路风俗……家产计其所有，父母生存，男女共议，私相分割为主，与父母均之。"

宋·杨澜《临汀汇考》卷五载："近世人家儿子娶妇，有谓二女同居，易生嫌竞，式好之道，莫如分爨者。……夫，'共甑分炊饭，同铛各煮鱼'，一堂式好，白首怡然，亦不失儒者家风也。"

可见媳妇与婆婆间关系很平等，为了和平共处，早早分家。

明末工部侍郎长溪（今福安县）人谢肇淛《五杂俎》卷十五："大凡吾邑人尚鬼而好巫章，醮无虚日。至于妇女祈嗣保胎，及子长成，祈赛以百数。其所祷诸神，亦皆里妪村媒之属，而强附以姓名，尤大可笑也。""男子之钱财，不用之济贫乏，而用之奉权贵者多矣，妇女之钱财，不用之结亲友，而用之媚鬼神者多矣。"

晚清郭柏苍《竹间十日话》卷五说："闽多女神，国朝祀典，女神仅二：莆田无上圣母，古田临水夫人也。"

这些说明妇女对祀事的作用大过于男子。鬼神仙佛的崇拜主要是妇女的事，而崇拜对象又多是女性人格神。福建的两位女性人格神妈祖和陈靖姑甚至列入清朝的祀典，是祀典中仅有的两位女神。所以崇祀陈靖姑为主的“仙宫”与宗祠地位相等，不能不说与妇女的影响力有关。

闽东第一保护神是临水夫人陈靖姑，对她的崇拜始于唐宋，盛于明清。南宋淳祐年间封“崇福昭惠慈济夫人”，赐庙额曰“顺懿”。清雍正七年（1729）封“天仙圣母”，道光年间封“护国太后元君”，咸丰年间封“顺天圣母”。她是一位全能神，无所不管，主要职责是保护妇女儿童，作为母性的象征。她手下有36位女将，俗称三十六宫婆，散处各地。婴儿出生后，拜宫婆之一为“干奶”，可保百病不生。陈靖姑甚至被奉为海神、水神，能率兵征战，降服各种妖神恶鬼。[①]

神的世界是人的世界的复制，临水夫人的至尊地位，反映出现实生活中妇女的地位确实比较好一点。

福建省原住民是闽越人，现在有关妇女、家庭的生活习俗和宗教信仰，显然都有古代闽越人的遗风。也就是说，楼下村建筑和聚落的特点，可能反映着古代闽越人文化的一些特点。

从这些史料看，我们对楼下村建筑现象的假说性解释，很有可能是真实的。

还有一种可能的解释，便是楼下村刘氏是客家人。他们的风俗习惯极类似客家人，而且家家供关公尤是客家风俗。客家女性都从事各种劳动，家庭地位比较高。村里有人主公庙，人主公或民主公是客家的“土地菩萨”。闽粤两地现在有些客家人不知道或者不愿意承认自己是客家人，楼下刘姓是不是也如此?

① 以上见徐晓望《临水夫人考》，《海峡两岸文化交流史料》（第一辑），1990。

十

刘氏宗祠建于1892年，位于全村的中心，
宗祠由理事会管理，由各房分别出人组成。
前进设戏台，后进为享殿，用于演戏和祭祖。
至今仍进行各种活动，起团结宗族等作用。

楼下村的公共建筑有刘氏和王氏两幢宗祠、一幢仙宫、一座翠竹湖宫、两座土地庙（人主公庙）。南山村有一幢五显神庙和一座仙宫。除楼下村的王氏宗祠已改为中学校舍，只剩下享殿之外，其余的都还保存完好。其中楼下仙宫、两座宗祠和南山村的五显神庙，形制和规模都大致相同。南山村仙宫建于道光五年（1825），五显神庙初建于道光三十年（1850），楼下村仙宫曾于同治九年（1870）重建，初建于何年已不可考。刘氏宗祠则建于光绪壬辰（1892），晚于神庙和仙宫，这时垟中厝的大宅也已经造了好几幢了。楼下村是个杂姓村，“仙宫”是地缘性的，属于众姓公有，这大约是它早于大宗祠的原因之一。

原因之二是福建人普遍保持着古越人的传统，“好巫尚鬼”，道光《福建通志》卷五十五：“越人鬼、楚人禨，自古已然，然在今日尤盛。况闽俗喜淫祀，非有其名也，臆名之，则臆祀之…… 朝夕拜揖，至

诚以尊奉之，犹恐不至。……其于祖先，正子孙之所当事者，却不肯依礼作神主，而但苟简作一木牌，或画一纸，不韬不椟，置诸堂边壁侧，视有若无。何厚于彼而薄于此耶。”宗法制的礼教是北方来的移民带来的，礼教排斥淫祀，但在福建受到古越人传统的抵抗，以致宗祠只能与杂庙仙宫处于对等的地位。

厚于鬼神而薄于祖先的另一个原因，则很可能是当地妇女地位比较高，以男权为基础的宗族力量因此相对比较弱，而妇女又多迷信神鬼。

刘氏宗祠建祠总负责人叫总理，就是作搏［授武德骑尉，道光庚子（1840）生，光绪庚子（1900）卒］。建祠经过由他的儿子际庚［太学生，名大绳，同治己巳（1869）生，民国庚午（1930）卒］写成《双峰建祠记》，保存在手抄本《双峰刘氏族谱》中。

虽然造得晚了，刘氏宗祠的选址和环境却很好。我们第一次进村就对它有很强的印象。它位于全村的中心，地势高，前面保持着大约400平方米的空场。它高于空场两米多，有一道石筑的坎墙。从宗祠前向东偏北望去，雄伟的前笔架山像排衙列戟一样展开，柏柱垟里的鲤屿和青牛山层次分明，田庐历历可见。村里的一片大宅横陈在跟前，瓦顶如一层层波浪，波峰上一条条屋脊尖尖翘起。向后望去，后笔架山像一把圈椅，稳稳把宗祠托住。坎墙上，前院墙是一带16.3米长的照壁，5.7米高，金黄色，中央写着浑圆庄重的四个大字“中山世裔”。字的两头有镂空花窗，再外侧便是宽阔的拱门了。

刘氏宗祠并不比大型住宅更高大壮观，也没有在浙西、赣北和皖南常见的华丽的门楼。它突出的社会地位全靠它的位置和山势的衬托，还有那一片照壁。

宗祠由理事会管理，理事会由天、地、人三大房各出二人，日、月、星三小房各出一人组成（房的大小由人数多寡来区分）。理事会的首脑叫总理，现任总理是三十三世地房的刘汝仪［谱名荣枝，生民国癸亥（1923）］，兼村老人会会长。不知是什么原因，他居然占据宗祠前空场的右缘造了一幢两层的红砖新屋，破坏了这个保持了一百多年的“风水”。我们在农村多年工作中见到，破坏古建筑、破坏村落环境和整体性的，大多是些“有身份”的人。

从照壁两头的拱门进去，是一个进深不大的前院。照壁背面，和前面的“中山世裔”对应，写着“彝伦攸叙”四个大字。前后八个字都是本村书法家刘承祖写的，垟田边一所大宅中的“保合太和”和“藜案重开”的题额也是他的墨迹。

宗祠有两进，都是五开间。两侧由夯土山墙承重，没有边榀梁架。总面阔约16.3米。前进明间面阔5米，设戏台，所以大门平日不能开，每逢重大祭日，祖宗神牌要出入的时候，才卸去戏台中央一排台板，形成通道，并打开大门。平日从梢间出入，这里不设门，一直敞着。

楼下村的建筑一般进深都比较大，宗祠也一样，所以戏台只占脊柱到前檐柱的位置，深约5.0米。从脊柱到后金柱则为后台，深约2.6米。前、后台之间的太师壁上方有一块匾，写着“莺歌妙舞”四个大字。太师壁两侧为上下场门，“出将”和“入相”。不过，在“文化大革命”期间，“把帝王将相赶下舞台”，门上贴一张红纸改为“出作”和“入息”。红纸居然现在还残留着。

戏台顶棚有一个八角藻井，当地人叫作“天”，利于拢音。前檐为卷棚轩。台柱上的红纸对联虽然是新贴的，但联语显然借鉴了旧的，写得很有意思，可以说是一套戏剧理论。它们是：

借虚事可指点实事；托古人就提醒今人。
假笑啼中真面目；新歌声里旧衣冠。
咫尺楼台可国可家可天下；寻常面目能文能武能鬼神。
弹一曲高山流水；演几个忠臣孝子。

后台向两侧扩大，以次间的夹层为化妆室，每间面积大约11平方米（390厘米×280厘米），如此宽敞的后台，我们在别处很少见到。化妆室的墙面上，写着历年来演出的剧团的名称和剧目，这是中国农村普遍的传统习惯。剧目都是闽剧，其中1967年11月2日前后四天西安剧团演出的夜戏剧目引起了我们极大的兴趣。那时节正是“文化大革命”高潮时期，“破四旧”运动像山林野火一样在全国摧毁着几千年的文化积累，在农村，甚至深山老林里的小小村子都遭了殃。就我们下乡所见，家家户户门窗槅扇上和祠堂、庙宇梁枋上的精美雕刻，凡有人物的，都一律被凿去了头颅。楼下村的门窗槅扇也在那时候被大肆破坏。全国的舞台上，只剩下了“八个样板戏”。然而，就在那癫狂的风浪中，这个西安剧团演出的却是《棋盘山》《铁弓缘》《白玉堂》《丹桂图》《丁海杲》《雌雄玉鹤》《曹公判》《碧痕泪》八部戏，不是帝王将相，便是才子佳人。毫无疑问，它们在当时来说，都属“四旧”，是“毒草”，在必须“横扫”之列。

那场“文化大革命”的“除四旧”，毁灭了无数文化的物质载体，却并没有能触动人们意识中真正的“封建残余”。那些文化的物质载体，有许多是无价的珍品，有许多至少具有可贵的历史认识意义。而真正阻碍我们进步发展的头脑中的封建意识，在那场“革命”中却更恶性地蔓延和强化了。西安剧团在1967年年底演出的戏剧，未必真是应该横扫的“毒草”，但是，那场演出至少证明，乡民们凿掉了精美的雕刻，如果不是少数人为了抓住某种机会以逞私欲的话，不过是应付一下当时的政治势力而已，他们并没有认真对待过什么“革命”，虽然更没有敢抵制那场“革命”。

按照农村规矩，宗祠演戏应该在冬至前三天开始，演到冬至前夕晚上子时，过了子时，盛大的祭祖仪典就开始了。从化妆室墙上的记载看，演出大多在十一月底到一月初，因为没有说明是阴历还是阳历，所以不能确定是不是冬至前后。不过大致不差却也并不准确。也有少数是在三月、七月演出的。

演戏的时候，享殿里祖宗神厨的门一律打开，“请祖宗看戏”。外姓人在院子里站着看，刘姓人在后进享殿前沿坐着看，妇女则在两侧廊庑的楼上看，当地称那里为“女房”。戏台高1.6米，院子进深7.4米，享殿台基高于院子大约1.0米。廊庑的位置很偏，院里、殿里和女房里观看演出的视线效果都不很好。农民看戏，图的是热闹，享受一下节日的欢乐气氛，并不很计较是不是能看清细节。

后台两侧化妆室的下面各有一个房间，每当演戏的时候，在这里卖米粉、菜包子和一种叫“饼粒”的面食。现在它们被租给养菇人用来培育菌种。

从院子进享殿，在中央上一个斜坡道，坡道很陡，大约45度，旁边又没有台阶，我们看了觉得奇怪。刘汝仪老先生很郑重地告诉我们，这个斜坡叫作“金阶”，可不是哪个祠堂都能用的，只有刘、李两个姓氏的祠堂才能用，因为这两姓出的皇帝最多。这个传说以前我们倒没有听说过，当然它不可能也不必出于官定的仪制，但至少应该有点普遍性。到苏垟村参观的时候，我们特意观察，却不见那里的刘氏宗祠有这个斜坡。村里人很天真，喜欢炫耀自己为“中山世裔”，他们不知道，每个朝代的皇帝都要除去任何一点别姓的“王气”。那道“金阶”，如果不是在这个山沟里，恐怕会使楼下村的“中山靖王之后”大吃苦头。

享殿进深12.1米，11檩，在后檐柱前设神厨，从后檐柱又接出一个3.35米宽的披檐。明间的面阔与戏台一样，也是5米，前后金柱相距5米，在神厨前形成一个很宽敞的空间，头上覆着当地叫作“天”的八角藻井，中心感很强，以利于祭祀仪式。

当地人把神厨叫作“龙牌龛”，分上中下三层供奉功宗德祖的神主，因为每块神主都是走龙镶边、盘龙结顶，所以叫“龙牌”。神厨本来有精美的槅扇门，“文化大革命”时和龙牌一起都烧掉了，现在只用几扇木板门锁着。上面却还侥幸保存着一块匾，书“德动天鉴”四个字。我们请管理人打开厨门，爬了进去，里面还剩几对烛台，更使我们高兴的是始祖和迁基祖共用的龙牌赫然尚在。龙牌大约有1米高，侧边雕几条向上的走龙，最上的一条向牌首探出龙头，而牌首中央是一条肥大的盘龙，朱地贴金。牌上金字为“始祖行十九公妣陈氏暨迁基祖行杰一公妣郑氏陈氏孺人之位”，也是朱红底子。虽然大绳（际庚）在《双峰建祠记》里说“仍祀皈公为始祖，以迁基祖秉友公配飨中位，其余各祖依次从祀”，但刘秉友和刘皈同用一块牌，毕竟很不合适。《双峰刘氏族谱》的“谱例”里规定：“配飨，重典也，不论富贵贫苦，必其人有大功奇节，上无可愧于先祖之神灵，下无可贻于后人之口实，而后公举而配之。”看来，中央神厨里不大可能有多少龙牌，竟至于要有三格的位置来供奉。这做法也许是做了很长远的打算。

享殿虽然五开间，却在次间和梢间之间筑了一道墙，所以享殿使用的空间是三开间，在每边的墙上造了并肩三个神厨，一共六个。历代祖先神主并不按昭穆分列两边，而是六个房派每房一个神厨。过去这六个神厨也有菱花槅扇，神主据说也雕龙，不过我们很怀疑。现在则是空空荡荡，只在后壁贴着几张红纸条，写着“显考显妣”的行序名讳，看来都是近年的新丧。

享殿也有新写的红纸楹联，不过联语都很俗滥，也许是街头药店里那位卖字的先生写的，他案头有一本新刊的《楹联大全》，拿来抄一抄就行了。例如：“继往开来创伟业；光前裕后展鸿图。”“安居勿忘先辈德；乐业长思后代人。”都是些到处可以套用的，毫无特色。

享殿后有一个后院，中央一池锦鲤，左右偏屋是厨房，祭祀的时候做祭品和族众的点心。正中有个影壁，题“备言无私”四个大字。厨房朝后的火焰形封护山墙在外面坡上看很生动。

刘氏大宗祠并不华丽，前进用悬山顶，后进用歇山顶，和民居一样用两端高挑的清水脊。后进的屋脊正中有一个“太公亭”，是个重檐歇山的装饰性小亭子，造型十分可爱。我们前前后后照了好几张相，可惜亭子太小而屋顶又太高大，相片不大漂亮。关于“太公亭”的来历有一个很动人的传说：姜太公辅佐周武王灭纣之后，大封众神，自己却不居功，拒赴齐国，而到老百姓的屋脊中央住下，为平民护家守宅，保天下平安。老百姓怜他年老，给他造了一座亭子歇息，就叫“太公亭”。

楼下村的刘氏宗祠至今还在有组织地进行多种活动，这也是很少见的。具体活动有冬至祭祖、阴历年底往各家送喜报、主持分家析产、确认过继承祧关系、操办演戏和清明扫墓等等。当地习俗，族内六十岁以上老年人，凡在年内逢整寿的，不在诞日举行庆典，而于正月初五，由族中统一集体祝寿。每遇族内有纠纷，则宗祠先行调解。《双峰刘氏族谱·谱例》中规定："本家兄弟叔侄，动辄构讼，甚非一体之义，今后一切不平之事，不许驰告官司，先投尊长处理。……如不屈服，听其鸣官。"这一条如今还在奉行。宗祠还负责奖善惩恶，最重要的是惩治不孝，如有忤逆，则"开祠堂门"当众训诫。过去宗祠严禁寡妇改嫁，严禁子弟以抬轿、剃头、吹喇叭为职业，现在当然都不管了，其他如管理户口、表彰"节烈"、办学奖学等等的活动也都没有了。

我们很想知道过去祭祀的情况，刘汝仪老人和圣宝先生都一再表示，现在比过去简便太多了，不好意思说。过去宗祠有公田，收入很多，仪典隆重盛大。土地改革时，公田都分掉了，现在每逢祭祀，按男丁临时收些钱，数量不大。我们问来问去，他们大致说了说：冬至一过子夜，戏台上停演，鸣炮祭祖，有鼓乐。神厨内点香燃烛，正中神厨前设一张供桌，祭奠始祖和迁基祖。享殿中央放大桌，上置族谱正本，谱前再设一张供桌，祭奠列祖列宗。供桌上均为16盘，有鸡、鱼等，另有5件鲜果和酒。下面一桌的右边有全猪一只，叫"刚鬣"；左边有全羊一只，叫"柔毛"。主祭人为最高辈中的最年长者，另有礼生二人，三人在享殿内。其余族人在院子里。在礼生司仪之下，主祭人先后在两张供桌前献香、献酒、献果，行三跪九叩礼，族众随之下跪行礼如仪。在仪式举行的同时，戏台上演出《八仙》《状元游街》《云头送祖》等短小的节目，以娱祖宗。

祭毕不分胙，重新演正戏。

显然，二位先生不大愿意说祭祀仪典，其实不是因为现在办得简便，而是因为仍然隆重盛大，似乎和当前的某些方面不大协调。

不过，楼下村刘氏宗祠到现在还在起着凝聚宗族、安定社会的作用，这倒很使我们感到意外。

十一

楼下村和南山村的公共建筑多为崇祀杂神的淫祠，
与尚鬼好巫的古越文化传统有关。
这种杂神信仰满足着人们各种各样的愿望和祈求，
形成同一座庙内各路神灵一起供奉的特殊景观。

我们在浙西、赣北、皖南农村考察，公共建筑中所见最多的是宗祠，崇祀杂神的淫祠也很多，真正的佛寺道观最少。地处闽东的楼下村，崇祀杂神的淫祠数量比宗祠多，“仙宫”“神庙”的规模和形制与宗祠相埒，而且建造得比宗祠早。南山村竟至于只有淫祠而并没有宗祠，虽然早在宋代便出了个小有名气的郑虎臣，在福安城里与唐人薛令之和宋人谢翱一起进了三贤祠。

福建人尚巫好鬼由来已久，原是古越人文化的传统。《八闽通志》卷三十七记载：唐高宗永徽年间，建州（按：即福建）“尚淫祠，不立社稷”。道光《福建通志》卷五十六载陈淳《与赵寺丞论淫祀书》里说：“窃以南人好尚淫祀，而此邦尤甚。自城邑至村庐，淫鬼之有名号者至不一，而所以为庙宇者，亦何啻数百所。”

各种民间鬼神仙灵，掌管着生人的吉凶祸福、生老病死，也掌管着水旱灾异、年岁丰歉。它们与人们的命运发生着直接的、具体的关系，人们以实用主义的眼光来看待它们，希望它们“有求必应”。明末长溪（今福安）人谢肇淛《五杂俎》写道：“闽俗最可恨者，瘟疫之疾一起，即请邪神，香火奉事于庭，惴惴然朝夕拜礼，许赛不已，一切医药，付之罔闻。”说的就是这类情况。虽然福建也盛行佛教，以致宋人徐经孙《福州即景》诗中有句“潮田种稻重收谷，道路逢人半是僧”（见清·陈焯辑选《宋元诗会》卷四十九），但在乡人们的心目里，如来佛祖是和各种鬼神仙灵一样的，有什么要求，去烧香礼拜便有可能得到好处，佛教教义与他们没有丝毫关系。

福安近海，我们从福州乘汽车到福安，公路沿海岸走，快到福安，见到路边村庄里天主教堂渐渐多了起来。进入福安县境，有些崭新的天主教堂，规模相当大，依稀看得出西欧哥特式或罗曼式风格的痕迹。我们到苏垟去，竟见到那里有一座天主教堂，纯白色的瓷砖贴面，锋利的尖塔有三四十米高，刚刚落成，还没有启用。光绪《福安县志》卷十五“风俗”说：“习尚鬼巫，复崇奉天主教，容留洋人念经从教，男女倾心，子衿不免。乾隆十年（1745）以来，屡犯大辟，顽钝如故。”《双峰刘氏族谱·谱例》也有专门一条说：

> 天主起于明末，妄倡以圣主之说，私设教堂，男女混杂，散致财物，贿赂人心。摇荡中夏，莫此为甚。数其不孝之罪有三：父母终时穿吉服念咒，一不孝也；膝下无子，义不再娶，二不孝也；供养父母，不如西夷，三不孝也。……今不早除，后将奚及。凡我伯叔兄弟侄有从天主教者，开祠重责，俟其改过自新。如有怙恶不悛，革籍除名，终身不许入祠与祭。……古云：为蛇弗除，为虺将若何？此言诚堪座铭。

当年对天主教的压制很严厉，但现在看来，福建各地的天主教很有势力。然而，可以想象，乡民对“圣主”大约不会和对鬼巫有多么大的差别。不过，楼下村和南山村都没有教堂。

南山村的五显神庙造于道光三十年（1850），楼下村的“仙宫”重建于同治九年（1870），都比造于光绪十八年（1892）的刘氏宗祠早。

南山村的五显神庙，主祀五显灵官大帝，并供奉临水夫人陈靖姑和她的随从李三娘、林九娘，以及点化陈靖姑的黎山老祖。它的位置最低，也颇局促，门前为八角井，从早到晚都有妇女在洗涤。但大门紧闭，没有人能告诉我们钥匙在什么人手里。有一天，我们又在庙外绕圈子，两个年轻人自告奋勇，把我们带到侧门前，一个推门框，一个提门扇，折腾了半天，把门扇拆了下来，我们赶紧进去工作。因为是“暴力侵入”，不知会遭到怎样的谴责，所以匆匆考察一番便退出来了。建庙的石碑前堆了许多大木料，不可能搬开细看，只见到“建造碑记”四字之下横额是“南山崇祀”，第一句是“五显灵官大帝之神原为一乡保障”，碑记写于“道光三十年四月十五日”。戏台前金枋底面墨书“中华民国癸亥十二（1923）岁次桂月初一日卯时鼎建吉”，远晚于正殿，显然此庙经过扩建。当心间左右大梁下皮一副对联是：“画栋连云地步去蟾宫□远；雕梁耀日天文兆麟阁腾飞。”这显然是文昌阁里用的对联，不知为什么竟用到这瘟神庙里了，但它显然是当年原物。它的楹联有“位镇南山光日月；精分水性肃乾坤”和“物阜民康沾雨滋露；乞丰保泰喜降祯祥”等，则又不像文昌阁所能有，倒像是供奉一位与雨水和年景有关的保护神。它的平面形制和规模与刘氏宗祠几乎一样，前后两进，前进为戏台，后进为正殿。院子两侧也有“女房”，即妇女儿童看戏的两层廊庑。五显神庙与宗祠不同的是，它的廊庑的二层向享殿延伸，进了它的梢间，又在后檐兜回。因为次间和梢间之间有墙，所以在大殿上见不到这圈夹层。

五显神庙的神厨里正中有一块华丽的龙牌，蟠龙居牌首，走龙镶边，中央镌“玉封天下正神五显灵官大帝长生神位”，红底金字，两侧镌“左边千里眼，右边顺风耳”。龙牌后面板壁上贴一张红纸，在龙牌左右写着神名：

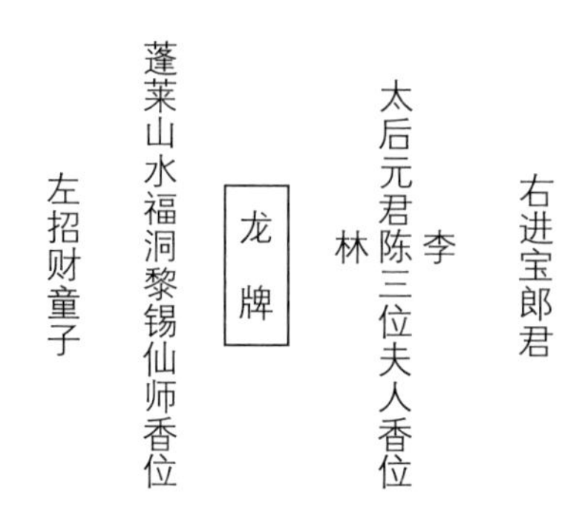

五显神在全国各地都有庙，虽然屡次禁毁仍复大量重建，有五帝、五圣、五通、五福大帝、五瘟神、五方瘟神、五瘟王爷、武圣五公等异称。总之，它是瘟神、恶神，能作祸祟于人。五显神的起源，历来考证的人很多，其中有不少著名学者，但并没有一致结论。比较流行的说法，一是清代钮琇《觚剩》卷一所载“奏毁淫祠”中所说：“旧传明祖既定天下，大封功臣，梦兵卒千万，罗拜殿前曰：‘我辈从陛下四方征讨，虽没于行阵，夫岂无功，请加恩恤。’高皇曰：‘汝固多人，无从稽考姓氏，但五人为伍，处处血食足矣。’因命江南家立尺五小庙祀之，俗称五圣祠。是后日渐蕃衍，甚至树头花前，鸡树豕圈，小有萎妖，辄曰五圣为祸。”这个说法的优点是既解释了“五圣”为什么没有姓氏且多异称，也解释了为什么“五圣”一伍，又解释了为什么遍布各地。但钮琇的目的是向清帝奏请禁毁五圣祠，所以有可能故意把五圣说成是明祖的士卒。二是胡朴安在《中华风俗全志》中所说：“武圣五公者，杨灵公、显灵公、振灵公、咸灵公、宣灵公是也。其像皆畜首人身，有猪首者、牛首者、马首者、狼首者、犬首者，光怪陆离，无奇不有。盖淫祠中之最奇者。”种种说法，也是“无奇不有”。至于福建，则有郭白阳辑的施鸿保《闽杂记补遗》中所说：“福州俗最敬五帝，以为瘟疫之神。城中庙凡五处，东西南北中，皆称五涧五帝。姓则张、钟、史、刘、赵也。每五六月间，请五帝送瘟出海，谓之采莲。各涧轮式，三日或五日，具仪仗……巡行城内外。”

太后元君陈夫人就是陈靖姑，号称临水夫人。陈靖姑及其随从是女性神，保护妇女和16岁以下儿童。正月十五为临水夫人神诞日，村中至今有演戏和祭祀等活动。李夫人叫李三娘，曾拜陈夫人门下学法收孽蛟；林夫人叫林九娘，好读《周易》，学会用豆排演八卦九宫大衍之数，后遇难被陈靖姑救下，遂随陈学法。至于黎锡仙师，大约就是点化过陈靖姑的黎山老祖。

临回来前，偶然路过五显神庙，见到那门被别人卸了下来，我们再钻进去，原来是一位年轻男子在供神。供桌上六只盘子，供品是鸡、猪肉、鱼、鸡蛋、馒头和豆腐，每件供品上都蒙一张红纸剪的喜字，另外有一碗酒。我们问他有什么喜事，他说今天是儿子满月，边答边点香烛，点完了便在一旁静静站立。为了儿子的平安幸福，他在这个时刻十分庄重严肃。香快燃尽，放了几枚炮仗，洒落一地带着硝烟味的碎红纸，仪式便结束了。他也收拾起供品，装进箩筐回家。在乡民心目中，五显神与文人学者们的考证毫不相干，它就是神灵，是和一切神灵同样的神灵，同样之点在于“有求必应”，神厨上方就挂着这四个字的一幅红纸横幅。

南山村的五显神庙，往年每年演一两次戏，日期不定，近年少了，有些年份竟至停演。

楼下村的“仙宫”和南山村的五显神庙大不一样，它成天开着，里面成了晒谷场，连戏台上都摊着一层谷。仙宫1870年重建，大殿主间供奉主管水利的大禹，左右侍从为其太太和林公大王，左次间奉临水夫人陈靖姑和其部下李、邹二位奶娘，以及“肉身成圣”的二郎神杨戬，右次间祀田公元帅和土地公、土地婆。仙宫在村子西头的水口，背对着大榕树，我们天天早晚在它后面走过。

仙宫的形制和刘氏宗祠相似，只是没有前后院和影壁罢了。它在高地上，当初正门朝北，1994年造从村里到狮峰寺去的汽车路时，紧贴着门前过，把门前挖成了几米高的断坎，用红砖重砌了宫的前墙，把正门取消了，改走侧门。

仙宫的大殿和戏台也都有八角藻井。很值得注意的是大殿梁的底面写着重建时捐银人的姓名和捐资数目，最多的是二十五两银子。还记载着主要工匠的名字：计八位都绳墨，一正七副；四位泥水匠，二正二副。神座上方后金枋下皮上写着大殿是同治九年（1870）重建的，四月十八日上梁。

大殿神座上供着几位神灵的塑像，彩色的，这是仙宫的最大特色。明间正中一组三位神像，中央是水平明王大禹，他主管水利，保护民康物阜。大禹左手边是他的太太，右手边坐着林公大王，主管六畜，也负责保一方平安。左次间有四位神像，其中三位一组，是陈靖姑和她的部下李、邹二位奶娘，最左边是随姜太公灭纣、后来“肉身成圣”的杨戬像。李奶娘就是李三娘，和南山村五显神庙中的一样。邹奶娘原是闽王的西宫娘娘，传说王继图攻打闽王都城的时候，陈靖姑选五百宫女参加防御战，以邹贤妃为首领，战后随陈靖姑回临水洞，闽王封她为灵应夫人。在右次间，又有三位神像，是田公元帅、土地公和土地婆。田公元帅便是赵公元帅，是财神、商人的保护神，又兼管田地。土地公又称福德正神，是个地方性的小神。仙宫正殿东山墙上的悬鱼上阳刻“泽沛双峰”四个字，可知当初建宫的时候便以大禹为主神。楼下村缺水，最大的自然灾害是旱灾，在村民看来，大禹既能平水，应该也能调水。

陈靖姑和她的“三十六宫婆”也是“有求必应”，不过按身份主要主管保护妇女和16岁以下的儿童。乡人生了子女，便到宫里选一位宫婆为干娘。《福州地方志》载，每逢正月十五日临水夫人神诞日，百姓举行“请奶过关”庆典，“以竹支架，用纸糊作城门形，由道士穿奶娘法衣，口吹号角，引导孩童过关”。16岁之前，每到正月初五，孩童在臂上缠红丝线，祈夫人保佑，直到七月初七除下。到16岁的七月初七，用纸糊“杉亭”一座，称七娘亭，设祭，并请道士行礼，名曰“出婆姐”，从此成人，不再受奶娘保护。万历《福州府志》载：“民间男女，年十六，延巫设醮，告成人于神，谓之出幼。”可见此风俗由来已久了。

正月十五临水夫人神诞日的盛大庆祝活动，楼下村直到现在还年年举行。仙宫要演三天戏，大殿里设祭。到十四那一天，在宫右侧的空场上，把几十棵带枝带叶的高大竹子矗立搭起来，周围再堆干草，直堆到竹梢。到了半夜子时，各家各户举祭，祭品为糯米粑一盆、鹅一只、公鸡一只、豕腿一只。点香烛，烧元宝，放炮仗，在炮仗声中燃烧干草和竹子。因为竹子是年前新砍的，燃烧时发出响亮的爆炸声，以声音的大小卜一年的吉凶。和《福州地方志》的记载相比，楼下村现在的仪式没有了“请奶过关”的内容，因此也不用竹子搭关门。

道光《福建通志》卷五十六载陈淳《与赵寺丞论淫祀书》说：“逐庙各有迎神之礼，随迭有迎神之会……男女聚观，淫奔酣斗，夫不暇耕，妇不暇织，而一唯淫鬼之玩；子不暇孝，弟不暇恭，而一唯淫鬼之敬。一岁之中，若是者凡几庙，民之被扰者凡几番。”话说得不免过于夸张，但福建淫祀赛会之多，确实比他地为甚。刘圣宝先生说，每年的陈靖姑神诞日祭典，花钱也是不少。仙宫是全村各姓人共有的，祭祀和演戏的费用由全村各姓公出，由仙宫的当年轮值头首主持。头首由村人从各姓推举，不一定姓刘。我们在时，轮值头首是刘石云。

使我们更感兴趣的是，五显神也好，大禹也好，财神爷田公元帅也好，虽然地位很高，管的事很重要，但并没有什么祭祀仪典，而楼下全村最盛大、最热烈、参加的人最广泛的大典，却是献给妇女神陈靖姑的。这种情况，与我们对楼下村一带村落的建筑上的一些特点的推测可能很有关系。

楼下、南山两村的公共建筑中，目前可以确认年代最早的是南山村的“仙宫”，神座上方后金枋上写着“大清道光五年（1825）岁次乙酉七月念八日丑时合境”。但这座宫规模不大，只有三开间，夯土的山墙和后檐墙承重，真正的歇山顶。前面围一个院子，设一个简单的院门。院子里有一个草草搭成的棚子，里面是个烘茶叶的机器，人民公社时代，生产队不信邪，在宫里办了茶叶厂。现在人民公社撤销了，分了田地，宫里竟供上了五显灵官的牌位。院门上贴小小一张红纸，写“五显神庙”四个字。这“仙宫”原来不可能是五显神庙，南山村已经有了一座五显神庙，在这座宫之东不过百十来米。大殿左右两榀梁架的五架梁底面上墨书一副对联：“康我兆民显德长垂贻保障；绥以多福英灵永镇颂神庥。”对联显然比较老，或许也是道光五年的旧物，好像是颂土地菩萨的。土地菩萨的正名是“福德正神”，职责是保障一方。这副对联隐括着土地菩萨的神号和职责，看来这仙宫原本是土地庙。只是想不到在“文化大革命”之后，乡民们惊魂初定，重新为自己捉摸不定的命运祈福求祥的时候，竟供上了凶恶的五显瘟神而不是慈眉善目的土地菩萨。人们从生活中懂得了这样一个道理：善神是不必去祈求的，恶神却是时时都要供养礼拜的。

翠竹湖宫就在南山村“仙宫”后的山坡上，位于贯穿两村的道路的南侧。它的前面，路北是茶林，比道路低两米多。它的背后是茉莉田，高出一米多。它的四周视界开阔，正对前笔架山，背后一条崎岖的山路，通向后笔架山顶峰。

翠竹湖宫很小，只有一个开间，五檩，但是里里外外形象都很丰富。屋顶本是悬山式的，上面又加了一个歇山顶，以致近似重檐歇山顶，因为架得高，又近似两层楼阁。这个“阁子”并不在正中，微偏右侧，看起来非常俏皮。悬山深挑，翼角高翘，插栱重叠，木构轻快，因而显得玲珑小巧，很招人喜爱。悬山的木板悬鱼上刻着图案和几个字，现在只剩下“银福”两字和下端一对鲤鱼隐约可辨。宫的内部，屋顶前坡下有一个八角藻井，满是彩画，正中绘“双凤朝阳”图案，其余八个斜面上绘的是三国故事，多与刘备有关，它们是：辕门射戟、三顾茅庐、三让徐州、三英战吕布、盟三誓、甘露寺、长坂坡和三气周瑜。阁子的檐枋底面有“尺剑威灵昭□□”几个墨字。宫内脊檩下方的两棵栋柱之间，有一根枋子，底面画“文王访姜尚”。栋柱上一副对联，写的是：“单枪扶社稷；匹马镇乾坤。”从这些画和对联来看，翠竹湖宫曾被楼下村刘姓人用来纪念先祖刘备和赵云。子龙救阿斗，保住了刘备的血嗣，楼下刘氏以刘备后裔自居，纪念他是情理中事。

翠竹湖宫的神座上供着两个彩色塑像，右边是林四相公，头戴红冠，白面长髯，双目低垂。左边是玄天大帝，头戴绿冠，双目圆睁，一手持剑，一手捏诀，一足踏龟，一足踏蛇，神气得很。神像左右各有一男一女两个侍从。玄天大帝便是道教的真武大帝，原形为龟蛇合体的玄武，奉玉帝之命镇守北方。但农民弄不清楚这样一位大帝的职掌和权力，所以只把翠竹湖宫叫林四相公庙。林四相公或许就是楼下村仙宫里的那位林公大王，他的位分不高，但是管六畜，与乡民关系很大。谁家老母猪怀崽难产，两头牛打架拆不开，只要来给他烧香，便可以一切顺利。所以宫的前檐柱的柱础是一对石雕的小肥猪，天真可爱。这样看来，藻井的壁画和对联等等晚于柱础，则宫原是祀林四相公的，后来修缮的时候才被刘姓人绘上了那些画，写上了那些对联。林四相公这样的神最“有用”，因此受到最大的尊敬。每月初一、十五，有“会首”敲响羊皮鼓，来许愿还愿的人很多。旧历六月初八是林四相公神诞日，香火很盛，这些来祭拜的人，所求的当然超出了“六畜兴旺”的范围，林四相公也变成“有求必应”的了。我们在测绘翠竹湖宫的时候，就有一位妇女来烧香，供桌上摆一只鸡、几枚鸡蛋、四只馒头和一壶酒，这位大嫂是为病人而不是病畜来求保佑的。

两位尊神的塑像很新，1993年8月23日刚刚为“重塑金身”开光。去翠竹湖宫的路上有一个竹子的拱门，中央挂着白木悬鱼，便是两年前开光之日搭的，或许在临水夫人神诞日举行“请奶过关”仪式时候的竹架城门就是这样。宫门口还有四条红纸幡，字迹依旧清晰可见，写的分别是：“圣德威灵镇南山”，“神恩显圣合乡水”，“三尺剑悬降虎豹”，“七里旗动伏龟蛇”。

翠竹湖宫现任会首叫陈石灼，由推选产生。

楼下村有两座土地庙，一座在刘氏宗祠的左前方，一座在最低的那条村路的东头口外。全村的房子都朝东偏北，不知为什么它们却朝东偏南。庙很小，单开间，夯土的山墙和后檐墙承重，前檐全部敞开。土地公公旁边还坐着一位泗洲文佛，两尊像都不过30厘米高，做工粗糙，模样不很漂亮。

有趣的是，这位挤走了土地婆婆、占据了她的位置的泗洲文佛竟是主管爱情婚姻的。不论男女，只要在神像后脑勺上挖下一点泥土，悄悄撒在所爱的人身上，爱情婚姻就会有圆满的结局。所以，神像虽然刚刚修过，一身色彩还很鲜艳，后脑勺却已经破烂不堪了。不知那位被抢占了座位的土地婆婆是否也来挖过。宗祠前的那座庙，成天都有几个汉子窝在里面打牌，胡子拉碴，早已不是关心神像后脑勺的人了。但妨碍年轻人来挖，也是造孽。[①]

我们过去在赣北、浙西、皖南工作，真正的佛寺并不多见。但柏柱垟中，楼下村的附近竟有两座佛寺。东边一座兴云寺，是北宋哲宗元符年间（1098—1101）造的；西边一座狮峰寺，也叫广化禅寺，是唐景福元年（892）始建的，我们就借住在这座寺里。1931年，它是红带会总队部，1934年，又是闽东苏维埃所在地。楼下村现在的汽车路，就是1994年为纪念闽东苏维埃在柏柱垟墩面村成立而修建的。

文渊阁四库全书本《福建通志》卷六十三载："狮峰寺，在二十四都，唐景福元年建寺。有狮子峰、金鸡石、卧牛石、虎跑泉、双髻峰、笔架峰、石梯峰、环翠寺、伏虎桥、广化门诸胜。"[②]1938年刊《福建通志》称它"为邑丛林之冠"。1982年福安县文化馆编的《城安民间故事》里，又说它是福安唐朝八大寺之一。

寺朝北，我们这个工作组在山门前照了一张"全家福"相，高高的27步台阶之上，山门题额是"广化禅林"四个字，这门便是"广化门"了。《福建通志》里记载的那十个胜景，早见于宋代的《三山志》，当时就称它们为"西峰十奇"，可见"广化门"至迟在宋代已经有了。不过

---

① 据清代何求著《闽都别记》，泗洲佛是唐代的一个平民，叫王小二，出身微寒。值观音大士化身以美色诱人输金造泉州洛阳桥，王赢得定约，观音悔约，王愤而投江死。观音送王投胎刘姓家中，并以指血化女配之，情好逾常。泗洲佛既再生刘家，故楼下刘氏供奉。

② 双髻峰显然是马上山（前笔架山）的两个锥形山峰。狮子峰为寺后的祖山。

现在的显然已经不是原物。山门的对联是:“世界三千毫光普照;因缘十二妙语皆通。”

进山门便是五开间的弥勒殿,两侧的天王没有了,改建成几间小房间,有一间住着看门种菜的沙弥。弥勒殿用歇山顶,有斗栱。5.4米宽的明间之上,像翠竹湖宫那样,又起一层阁子,建一个小歇山顶,檐下一圈“对树花”,十分精巧玲珑,由白粉壁衬着,很富装饰性。再上11级台阶,第二进是大雄宝殿,五开间,总面阔11.8米,总进深16.3米,两个中榀梁架的前后大小金柱都撤掉了,所以中央有一个7.2米宽、16.3米深的大空间,中央偏后供三世佛。大雄宝殿为重檐歇山顶,是柏柱垟里最庄重的屋顶,上檐斗栱八攒,双杪三下昂,下檐斗栱七攒,单杪三下昂,规格档次高得也许有点过分。内槽层层设斗栱,正中建斗八藻井,井内用虾须栱,很华丽。庙里的住持圣信师父多次邀请我们在殿内多拍些照片,但是我们的相机闪光灯不大行,照不好。殿里不能搭架子,又成天佛事香火不断,我们也没有测绘。

圣信师父坚持说大雄宝殿是明代遗物。据《狮峰寺志》,该寺于明永乐、万历年间两次重修。光绪《福安县志》又说:“清嘉庆间僧续熙重建,光绪年僧常昭重修。”但书中都没有说明重建、重修的工程项目,又没有参照物,我们不敢对现存建筑年代贸然做出评估。

大雄宝殿之后再上16级台阶,便是庙宇的后部,布局近似大型住宅。七开间,前堂三间连通,挂了个牌子叫“般若堂”,是读经的地方。次二间现在设铺出租给香客过夜,也有中学生来远足,借住一夜。梢间面向两侧,成为厦间和书厅,与后院一起当作客房,我们就住在其中的三间里。后院之后,也就是相当住宅里“倒回廊”的部分,比后院高出28步之多,台阶在两侧。台上有七个开间,中央为观音堂,左右是禅室,另外一些禅室在客房的楼上。东边的跨院比较开廓,以山景为主。山从院内起坡,出院墙便巍然壁立。院内有巨石,石隙出“聪明泉”,清清冷冷。泉边古柏一株,虬枝绿叶,傍着禅室轻巧的檐角。树下土地庙一座,高才数尺,两层土台,开满了菊花,金色灿烂。另有玉兰一株，居然也能傲霜开放几朵，随风飘出香气。西边的跨院以水景为主，粉墙高耸，围一院花木，花影下鱼池里锦鳞成群。主掌炊事的三位居士婆婆有时撒一把剩饭到水里，便会响起一片唼喋声。池边有两棵月桂和一棵夜来香，其芬芳气息又与玉兰不同。左边小院是水景，右边小院是山景，是应左青龙、右白虎的风水。后院中央是更大的鱼池，池中架起石桌，陈一排盆花。季节已晚，没有了姹紫嫣红，但开放着一些黄色、粉色的小花朵，也不凄清。池后几峰山石，靠着观音堂前四米多高的石壁。石壁上有横额，有对联，对联是“方池影动鱼窥客；半岭声来竹引风”，横额题“绿野栖迟”。石壁上缘镶一排朱红栏杆椅，正中檐下挂一块大匾，上书金字“圆通宝殿”，匾下便是观音堂。这院子里，由下而上，自凡界山林入于佛界七宝楼台，也许有意教人悟出些玄机来。

后院的对联和横额，《狮峰寺志》里说是明代正德皇帝来游的时候题的，还题了山门的“广化禅林”四个字和门联。这自然是无稽之谈，不过圣信师父津津乐道，我们也不便多说，怕拂逆了他的意兴，临走会向我们多要香火钱。一百多年来，社会经历了几次剧烈的大变化，百姓仍然对封建皇帝崇敬有加，意识的落后和顽梗，很教人感慨。

我们确实太喜欢几个小院的幽雅了，回来之后还常常怀念，因此看到光绪《福安县志》里明代宁德佥事陈褒的《狮峰寺诗》，虽然明显有错字，还是心有所会。诗写道：“骀蹄暂尔驻松关，风味（？）群僧一样山。岭树初抽云外色，庭花又破雨中颜。阜财（？）正想南风爽，随柳（？）应惭小子闲。极目西峰更西处，愁怀无那却须删。”

狮峰寺是很美的。汽车路修通以前，楼下村出柏柱垟的石板路从寺前沿山麓往西而北再奔山口。在路上从侧前方看寺院，它随山势而下，跌宕错落，尖削的翼角丛起，极其灵巧生动。想当初山上松竹茂密，悠扬的梵呗声伴着钟声从密枝繁叶间飞出，回荡在山谷间、田野上和炊烟笼罩下的村落里，那境界多么庄严阔大。现在，松竹已经伐光，但裸露的山岩浑圆黝黑，带着千万年的沧桑记忆，衬托着寺院，依然庄穆入圣。

但是，寺院的住持从海外募化了一大笔钱。于是，弯曲的山麓石板路将要废弃，一条笔直的汽车路将从寺前田间横过，路基已经筑好；贴在路边，一座钢筋水泥的高大的牌楼门矗立起来了，僵硬、粗劣而蠢笨，完全没有狮峰寺木构古建筑的灵秀之气。另一条笔直的水泥汽车路将从远处直奔牌楼门而来，形成庙宇建筑群的大轴线。这样一来，本来和周边山冈融合一体的狮峰寺将成为这个环境中的一个侵入者、一个怪物。我们本来想说服住持，停止这种愚不可及的建设，不料他竟拿出一个什么规划设计图来给我们看，原来，不久的将来，古老的狮峰寺将要全部拆掉，改造成七八座钢筋水泥的大楼。不再有雅致可爱的幽径小院，不再有亲切宜人的曲廊栏杆，一切温馨的风情都将失尽，只有和那座新的牌楼门一样僵硬、粗劣、蠢笨的大楼。住持很得意，压抑不住他的微笑。我们没有话可说，唯一的办法是告诉他，狮峰寺是福安县的文物建筑，受到保护，不能随便改动的。他只觉得我们不懂事，大楼和现代化会是多么好！

寺院山坡上到处频频放炮，叮当的斧凿之声响成一片，那些雄浑庄严的大岩石被开挖出来打碎了造院墙，山坡已经被弄得残破零乱。我们第一次知道原来山坡也会成为废墟的。

在天色微明时分离开寺院，我们唯一的希望是保护好书包里的照相底片。回头看见寺门灯光下，住持圣信师父正望着那座高大的牌楼门，眼光里露出佛门弟子虔诚的神色，也许他望见了西天乐土。

想不到二十天愉快的工作，临走竟是满怀忧伤。

后记

参加楼下村工作的五位学生毕业了。在告别的时候，我向他们举杯说：谢谢你们，跟你们一起工作了一年，我可以多活十年！

真的，这一年过得很愉快，没有因他们犯过愁、着过急，工作顺利地进行着。这些学生认真、负责、细心，有主动精神，追求高质量的成果，他们自己能够在严谨的工作中享受到乐趣。我们需要测绘火形的“观音兜”山墙，它的轮廓是由几条自由曲线组成的，一位学生给它画了几十个坐标，一点一点地量出尺寸，很准确地描绘在图纸上。我们很喜欢邻近的溪南村的一幢住宅，但行程已定，不便更改，有两位学生请求留下来去测绘了它。长途旅行的辛苦，工作的紧张，伙食的粗简，他们都只当作值得回味的经历，始终兴高采烈。一天三餐的几碟炒素菜，几个人还推来让去。回到福州，黄汉民先生请他们吃海鲜，虽然肚子里早已没有了油水，大小伙子们还是文雅得像姑娘一样，连啤酒都不喝一口。对我们的一些困难，他们总是十分体谅，而且积极地帮助我们缓解这些困难。他们最后完成的毕业论文，厚厚一本，几万字抄写得工工整整，一丝不苟。最后，他们还为改进工作提了不少建议。他们跟楼下村的年轻人结下了友谊，至今书信来往不断。学会真诚地、热情地、谦逊地和农民交朋友，这是我们希望于他们的，他们很自然地做到了。

这几位学生的名字是焦燕、吴京颖、王川、邵磊、徐涛。

大宅

楼下村的考察由陈志华做总体设计，文稿由陈志华撰写，其中住宅部分的资料有李秋香参与调查，公共建筑的调查则有吴京颖参与。李秋香还负责指导学生测绘、调查。照片是大家一起拍摄的。楼庆西组织了学生回校后的学习，给他们讲课和指导制图。

像每一次下乡工作一样，我们受到了楼下村父老乡亲们亲切的支持。任何时候，我们都可以推开任何一家的门，走进任何一个房间，不论家里有没有人在。如果有人在，那就一定有香茶、糖水。饭菜快熟了，我们就得赶快走开，否则会被拉住吃饭，很难推托。更使我们感动的是，一些他们从来不肯轻易告诉外人的、他们祖先的一些不便于说的事，也毫无保留地告诉了我。永远忘不了，那些寒冷的日子里，我和农民一起坐在他们的床上，盖着他们的被子，挖掘他们对往昔的记忆。

多谢，年轻的学生们！多谢，村里的父老乡亲们！

我们也感谢建筑学院资料室的小姐们和先生们对我们工作热情的、有效的支持。在“一切向钱看”的年代里，他们无私地奉献出自己高尚的情操。

遗憾的事还是有的，回来之后，接到村民委员会调解委员刘圣宝先生来信，秋收时他扭伤的脚踝，因为没有好好治疗，留下了残疾，走路有点儿跛，挑重担不大方便了。他刚刚受伤的时候，我们再三劝说他到县城去治疗，他只笑笑说：农民嘛，怎么能那么讲究！听天由命，熬着活罢了！

唉——朋友们哟！

陈志华

1995 年冬